岩 波 文 庫

33-953-1

相対性理論の起原

他 四 篇

廣 重 徹 著
西 尾 成 子 編

JN053879

岩 波 書 店

目　　次

アインシュタインは時代遅れの
科学者か？

　アインシュタイン（A. Einstein）はわが国でも，もっとも広く人々に敬愛されている科学者であろう．ところが，専門の物理学者，それも戦後派の若い理論物理学者のあいだでは妙なことに，アインシュタインはなんとなく時代遅れ扱いされる傾向がある．曰く，かれは独り瞑想にふける型の学者であるが，現代は協同研究の時代である．曰く，一般相対論とか統一場理論とか，壮麗な建築物かもしれないが，何の役にも立ちそうにない理論に浮身をやつした．曰く，量子力学の要求する思惟の変革についてゆけず，量子力学を受け入れなかった，等々．

　しかし，およそこういう考え方は皮相きわまりない，というのがここで放談したいことである．

　まず第1の点．アインシュタインは独り瞑想にふけるどころか，実にいろいろな人とともに本を読み，議論をし，そこから多くの養分をくみとっていた．かれの相対性理論の思想は実にこうして養われたのである．今日のいわゆる協同研

究が，実は下請け研究にすぎなかったり，集団的に流行に追従することであったりすることが多いのに対して，アインシュタインこそ真に人との接触，交流のなかで研究を育てることを知っていた人ではなかったか．これは，最近ゼーリッヒ（C. Seelig）のアインシュタイン伝（『アインシュタインの生涯』東京図書）を訳しながらとくに感じたことであった．

つぎに，一般相対性理論と統一場の理論であるが，いうまでもなくこれらの理論は "場" を対象とする．ふつう，電磁場の概念は，ファラデー（M. Faraday）に始まり，マクスウェル（J. C. Maxwell）によってその数学的定式化が完成され，ヘルツ（H. Hertz）の電磁波の発見によって実証されたということになっている．しかし，これは話を簡単にしすぎている．電磁場の理論以前には，物理学の対象となる dynamical system はすべて，ふつういう物質，物体であった（それが原子から成ると考えられたかどうかは，ここでは関係ない）．そのことは物理学者の頭にしみこんでいたのであって，マクスウェルでさえその例外でなかった．マクスウェルにおいては，電磁場は実は物体の性質みたいなものとしてとらえられているようにみえる．エーテルも物体の一種でしかなかった．電磁場が，それまでに考えられていた物質とは独立の，自立した dynamical system だということをはじめて明らかに認識したのはローレンツ（H. A. Lorentz）である．しかし，かれはこれに表現を与えるために大いに苦労した．その苦労の産物が，絶対静止のエーテル，局所座標，局

所時間という概念である．しかし，ローレンツではまだ，空間は場の容れ物にとどまっている．そこへアインシュタインが現われて，時間・空間の概念を批判，検討のうえ変革し，物理的空間そのものが場であるという認識を確立する（ふつうの本には，時間・空間概念の変革ということだけが，他から切り離されて書かれている）．電磁場理論は特殊相対性理論にいたって完成するというべきだとわたしは考える．

　うえのような場の概念が確立されれば，それをさらに追求して重力場の理論にいたり（一般相対性理論），さらに物理的空間にあらゆる場を含めた統一的な理論を追求しようとする（統一場理論）のは，真の理論物理学者にとっては，必然的といってもよい道行きではなかったろうか．

　このように歴史をみてくると，科学史屋として理論物理学者に向かってつぎのように言いたくなる気持をおさえられない：現在の素粒子論において，場という概念の徹底的な追求——したがって，アインシュタインの歩んだ道の暗示するものへの反省——なしに，目先の役に立ちそうな特殊相対論の数学的定式化だけをかりてくるのでは，あまりに実用主義的で，計算物理学者のやり方ではあるかもしれないが，"理論"物理学者のやり方ではけっしてなかろう，と．

　量子力学についても頭の硬化などで片付けるのはあまりに軽率だと思う．わたしは，コペンハーゲン学派的な量子力学の解釈を頭から受け入れて，対応原理かなにかで量子力学の成立史を論理的に整理してみるという現行の物理学史には，

どうもひとつ満足できないところがあって，少しまえに京都の辻〔哲夫〕，恒藤〔敏彦〕両君といっしょに量子力学が生まれる前後のオリジナルの文献を調べかけたことがある．そのとき感じたのは，アインシュタインの量子力学の成立に対する貢献は，相対論へのそれに比べて優るとも劣らないといってよいということ，そして，現在の量子力学はアインシュタインのそれらの貢献を巧みに利用しながら，しかもアインシュタインの提起した問題そのものは，するりするりと落していって成立したという感じである．その問題というのは，光子を，したがってまた電磁場をどうとらえるかということで，これが量子力学から落されてしまったことが，アインシュタインの量子力学に対する不満の根底をなしていたのに違いない，とわたしは推定してみたいのである．ハイゼンベルク（W. Heisenberg）とパウリ（W. Pauli）による形式的には手ぎわのよい場の量子論では満足できないものがアインシュタインにあったに違いない．場の把握については根本的な反省を迫られている今日の素粒子論にとって，アインシュタインが不満を感じた線にまでさがって問題を見直してみるということは，案外有益かもしれない．

初出：『物理学史研究』Vol. 1，No. 1 (1958)，21-23.

相対論の起原——予備的考察——

　これまでの多くの教科書や解説書では[1]，特殊相対性理論の成立を導いたもっとも重要な研究の流れとして，地球とエーテルの相対運動の影響に関する研究の展開をたどるのがつねである．そのさい，エーテルを捨てることが相対論の成立にとって決定的であったとみなされることが少なくない．しかし，よく調べてみると，アインシュタイン（A. Einstein）の理論は必ずしも地球とエーテルの相対運動の論究の延長線上にくるものではない．また，地球とエーテルの相対運動の追求の結果が直接にエーテルの廃棄に導いたというのも事実に反する．

　まず第 1 に，エーテルはひとつの hypothetical substance〔仮想物〕にすぎなかった，というのはわれわれの先入見であることを確認しなければならない．そして，19 世紀おわり（1890 年代）の物理学者にとって“エーテル”とは何であったかを，事実に即して知る必要がある．結論的にいえば，当時の物理学者にとって，エーテルは仮説ではなくて，現代のわれわれにとっての素粒子と同じくらいたしかな“実在”だ

った．こんにちわれわれは素粒子が実在であることを疑わないが，それは，素粒子を直接目で見たり，手でさわったりするからではない．さまざまな現象を総合的に考察して，その背後に素粒子という実体をみているのである．19世紀の物理学者にとっては，光が存在することは自明であり，その光は波動性をもつことが疑問の余地なく示された．ところで，波動とは連続媒質のなかの disturbance〔擾乱〕の伝播のことにほかならないのだから，光波の存在はエーテルの実在を示すものにほかならなかった．このような19世紀物理学の考え方の筋道には，文句をつける個所はない．そして，かれらの結論はある意味で正しかったし，今も正しい．ただ，かれらは時代的制約によって実在といえば力学的なものときめこんでいたが，じつはそうでなくて，電磁場というまったく新しい種類の実在であったというだけである．ヘルツ(H. Hertz)による電波発生の成功も，このエーテルの実在をいっそう確実に証明するものとして受けとられたのである[2]．したがって，当時の人々にとっての問題は，エーテルが存在するとすれば，地球とエーテルの相対運動の影響が予想されるから，それを検出することによってエーテルの実在を確かめようということではなかった．エーテルは当然存在しているのであって，問題は，そのエーテルに対する運動の影響が見出されないのは，いかなる要因によるのかを解明することであった．

　19世紀おわりの物理学の状況がこのようなものであった

ことは，たとえば，マイケルソン-モーリーの実験が当時ど
う受けとられたかを見ても納得できる．マイケルソン(A.
A. Michelson)とモーリー(E. W. Morley)の実験の結果は，
静止エーテルの仮説がこれで打破されたとか，再検討をせま
られたとかいうふうに受けとられたのではない．それは予想
された効果を検出しなかったから失敗だった，というふうに
受けとられたのである[3]．また，当時の代表的な物理学者
たちがエーテルと地球の相対運動の問題を論じているものを
みても，われわれの推測は裏づけられる．

　ロッジ(O. Lodge)は 1893 年に，「光行差問題」(Aberra-
tion Problems)と題して 80 ページ近い総合報告を書いた
が[4]，この報告でのかれの基本的な観点は "The nature of
the connexion between ether and gross matter is one of
the most striking physical problems which now appear
ripe for solution" ということであった．ここでエーテルと
大きな物体の関係といっているのは，物体が運動するときそ
の周囲および内部のエーテルは運動するかどうかという問
題のことであり，ロッジはフレネル(A. J. Fresnel)の静止
エーテルの理論で問題はほとんど完全に解決されたと見てい
るわけである．マイケルソンとモーリーの実験だけが難点だ
が，それもフィッツジェラルド(G. F. FitzGerald)の短縮仮
定によって解決されるだろうというのがロッジの予想であっ
た．つぎに 1895 年のローレンツ(H. A. Lorentz)の『運動
物体中の電気的・光学的現象の理論の研究』(Versuch einer

Theorie der electrischen und optischen Erscheinungen in bewegten Körpern)では，ローレンツは"エーテルが可秤量物体* の運動に伴うかどうかという問題に対する，あらゆる物理学者を満足させる答は得られていない"と述べている[5]．この書物が，そのような答を与えようというローレンツの試みであり，かれはここでそれにある程度成功しているということは言うまでもない．とにかく，ローレンツにとっても問題は，エーテルが物体の運動に伴うかどうかということであって，エーテルの存在を確かめることではなかったことに注意しなければならない．

    *編者注：18 世紀から 19 世紀にかけて，さまざまの現象を説明するのに ad hoc に仮想的な物質を想定することが多かった．例えば熱理論の熱素，電気理論における電気流体などである．これらは秤りにかかる重さを示さないので，不可秤量の(imponderable)物質とよばれた．エーテルもそのような不可秤量物質と考えられた．エーテルに対して通常の物質は可秤量の(ponderable)物質とよばれたのである．〔広重徹訳『ローレンツ 電子論』p. 7 の脚注より引用.〕

    1898 年の全ドイツ自然科学者・医学者大会の物理部会では，ヴィーン(W. Wien)が「光エーテルの並進運動に関する問題について」(Ueber die Fragen, welche die translatorische Bewegung des Lichtäthers betreffen)と題して報告した[6]．かれもローレンツと同じく，"光エーテルは

物体の運動に参加するかどうか，そもそもエーテルに Beweglichkeit〔可動性〕があるかどうか，という問題が長いあいだ論じられてきて，まだ決着がついていない”とみている．そこでヴィーンは，エーテルの静止・運動を流体力学的に比較検討して，静止エーテルが大体よさそうだが，それは作用・反作用の原理を破る点でのぞましくないと結論し，地球の重力によって周囲のエーテルが運動にひきいれられる可能性を示唆している．この会議に出席していたローレンツは，ヴィーンの報告に補足して，エーテルが運動するという考えは，光行差が決定的なキメ手となって打破されると主張し，そこでの困難は運動学的なものだからヴィーンのように重力を考えても意味がないと語っている[7]．1900 年のラーモア（J. Larmor）の著書『エーテルと物質』（*Aether and Matter*）の基本的なテーマの 1 つは，地球とエーテルの相対運動の問題を総括的に扱うことであるが，そこでのラーモアの立場も，エーテルそのものの存在を仮説として扱うことでなく，エーテルと大きな物体の関係に関してフレネルの理論が正しいかどうかを検討することであった．

　以上で概観したように，19 世紀末の物理学者にとっての問題が，エーテルの存否でなく，現に“実在”しているエーテルと地球の運動との関係であったとすれば，ローレンツの 1904 年の論文[8]，あるいはそれをポアンカレ（H. Poincaré）が仕上げたもの[9]は問題を完全に解決した完成品であったとみなければならない．それは当時の物理学者によって意

識されていた問題をすべて解決し，そのうえ，当時まだ具体的な問題にはなっていなかった3次以上の効果が検出できないであろうことをも予言していた．当時の一般的な問題意識からすれば，アインシュタインの理論に俟たねばならないことは何もなかった．じっさい，1910年頃までは，1905年のアインシュタインの理論でなく，ローレンツ-ポアンカレの理論が一般的にオーソドックスな理論として通用していたと推定されるのである．エーテルの実在性が問題にされるようになるのは，1910年頃より以後のことである．

　以上のような歴史的状況を知れば，ホイッタカー（E. T. Whittaker）がその著書で "the relativity theory of Lorentz and Poincaré" のみを論じてアインシュタインをほとんど完全に無視したことも[10]，一定の歴史的事実の反映であるということができる．しかし，ホイッタカーがローレンツ-ポアンカレの理論を "相対性理論" とよんでいることは正しくない．なるほど，ポアンカレは相対性原理を理論の基礎にすえるべきことを要請している[11]．しかし，ポアンカレのいう相対性原理とはわれわれが予想するようなものでなく，エーテルに対する運動はどのようにしても見出されない，ということであった．しかも，この原理はそこから出発して理論が組み立てられることを要求するのではなくて，結果としてそれが出てくるような理論をつくれという要請を表わすものであった．これに対してアインシュタインのたてた相対性原理は，"力学の方程式が成り立つようなすべての基準系

(i.e. 慣性系)に対して，同じ電磁気学および光学の法則が成り立つ"[12] というものである．アインシュタインの出発点は，これと光速度不変の原理とがあれば，運動物体の電気力学を得るには十分であるという見通しであった．アインシュタインはたびたび，問題の鍵は時間概念の変更に思いいたったことであると語っているが[13]，相対性原理をポアンカレのようにとらえていては，けっしてそこに思いいたることはなかったであろう．ポアンカレのとらえ方は，かれが従来からの問題意識にたっていたことから必然的に出てくるものであった．では，アインシュタインはどこからあのような相対性原理をひきだしたのであろうか．

　ここでマッハ(E. Mach)の影響が大きいことはあらためて指摘するまでもないが，ここでは，いかなる物理学上の問題を媒介としてアインシュタインの相対性原理が形成されたかを考えてみる．まず第1に明らかなことは，それは地球とエーテルの相対運動の問題ではなかったということである．じっさいアインシュタインの1905年の論文は，電磁気学の法則が慣性系の運動に対して対称な形になっていないという問題提起から始まっている．エーテルとの相対運動にも一言ふれてはいるが，そこでは1次の効果が見出されないということしか言っていない．アインシュタインは晩年に，1905年以前にはマイケルソン-モーリーの実験にはほとんど注意をはらっていなかったと語っており，これはいろいろの点から考えて信用できる話とみてよい[14]．さきに見たよう

に当時の代表的な物理学者が熱心にとりあげていたこの実験に対するそのような無関心ぶりは，当時アインシュタインの念頭にあったのは地球とエーテルの相対運動の問題ではなかったことを示している．

　アインシュタインが自分の中心的テーマとしていたのは，運動物体の電気力学の問題であった．運動物体の電気力学も地球とエーテルの相対運動の問題も帰するところは同一ではないか，というのは相対論以後の世代の先入見である．当時の人々は，この2つが同一の問題に帰するということをけっして明瞭に認識していなかったように思われる．運動物体の電気力学——すなわち，実験室内で誘電体や導体や磁石を動かしたときにその内部でいかなる電磁現象が生ずるか，またそれを理論的にどう扱うかという問題——は1890年代，1900年代の活発な実験的・理論的研究のテーマであった．ローレンツもポアンカレもこの問題を論じているが，しかし，かれらはこれを地球とエーテルの相対運動に共通する問題として扱おうとはしていない．運動物体の電気力学の理論の一応用として扱うには，地球とエーテルの相対運動の問題はかれらにとってあまりに重大すぎる問題であったのであろう．ここに，かれらとアインシュタインとの重要な分かれ目があったといわねばならない．

　相対性原理の形成という観点からみると，運動物体の電気力学は地球とエーテルの相対運動よりもはるかに好適であった．なぜなら，そこで問題になるのは，エーテルに対して

動いている地球の上で，地球に対して運動する物体の現象を
問題にするのであり，そこでは絶対的な(とみなされた)もの
は直接にははいってこないからである．そして，ヘルツはす
でに，かれのたてた運動物体に対する電磁方程式が座標変換
(ガリレイ変換ではあるが)に対して不変であることを，はっ
きりと指摘していた．もっとも，それが相対性原理の自覚に
まで高められるためには，ヘルツのように電磁現象をマクロ
の物質に担われるものとしていてはだめで，ローレンツの電
子論によって電磁場が可秤量物質から独立させられていなけ
ればならなかった．しかしいずれにしても，アインシュタイ
ンがローレンツやポアンカレとちがって，地球とエーテルの
相対運動でなく，運動物体の電磁現象をその研究の中心にす
えたことが，相対性理論への道を開くことになったと結論さ
れるであろう．

　運動物体の電磁現象に関してアインシュタインが 1905 年
の論文にいたるまでに，具体的にどのような考察をめぐらせ
ていたかということは，今のところ 1905 年の論文にある抽
象的な短い論及以上のことはわからない．当時の運動物体の
電磁現象の研究者の側から，相対性原理の問題提起の契機と
なるようなことがらが出されていたかどうか(皆無でないこ
とはほぼ確かであるが)についても，もっと調べてみなければ
ばならない．

引用文献

(1) たとえば，石原純『相対性原理』，岩波書店，1921；
     C. Møller, *The Theory of Relativity*, Oxford, 1952.

(2) 広重「古典電磁気学と相対性理論」，『科学史研究』
     No. 52 (1959. 10-12)，pp. 1-8.

(3) R. S. Shankland, "Michelson-Morley Experiment,"
     Amer. Journ. Phys., **32**, 11-35 (1964).

(4) O. Lodge, *Trans. Roy. Soc. London*, **A184**,
     727-804 (1893).

(5) H. A. Lorentz, *Versuch einer Theorie der ele-
     ctrischen und optischen Erscheinungen in bewegten
     Körpern*, Leiden, 1895, S. 1.

(6) W. Wien, *Wied. Ann.*, **65**, Beilage, i-xviii (1898).

(7) H. A. Lorentz, *Verhandlungen Versammlung deut-
     scher Naturforscher*, 1898, S. 56; *Collected Papers*,
     vol. 7, pp. 101-115.

(8) H. A. Lorentz, *Proc. Roy. Acad. Amsterdam*, **6**,
     809-831 (1904); *Collected Papers*, vol. 5, pp. 172-197.

(9) H. Poincaré, *Rend. del Circ. mat. di Palermo*, **21**,
     129-176 (1906); *Œuvres de Henri Poincaré*, tome 9,
     pp. 494-550.

(10) E. T. Whittaker, *A History of the Theories of
      Aether and Electricity*, II. *The Modern Theories*, Lon-
      don, 1953, chap. 2.

(11) H. Poincaré, 文献 (9). また 1904 年セント・ルイス
      の International Congress of Arts and Science での講
      演. *The Monist*, **15**, 1 (1905)，また *La valeur de la
      science*, Paris, 1905, chap. 7, 8, 9.

(12) A. Einstein, *Ann. d. Phys.* (4), **17**, 891 (1905).

(13) A. Einstein, "Autobiographisches" in P. Schilpp

(ed.), *Albert Einstein—Philosopher-Scientist*, New York, 1951, p. 52.

(14)　G. Holton, "On the Origins of the Special Theory of Relativity," *Amer. Journ. Phys.*, **28**, 627-636 (1960). R. S. Shankland, "Conversation with Albert Einstein," *Amer. Journ. Phys.*, **31**, 47-57 (1963).

初出：『科学史研究』No. 76 (1965), 171-173.

ローレンツ電子論の形成と
電磁場概念の確立

1 はしがき

19世紀末に形成されたローレンツ(H. A. Lorentz)の電子論は，古典論をその可能性の限界にまでおしすすめることによって，20世紀初頭の古典物理学から現代物理学への転換を準備した．したがって，電子論の科学史的分析は，科学史固有の問題としても，また現代物理学の基礎を反省するという観点からも，とくに興味のそそられるテーマである．

ローレンツの電子論の物理学史上の意義にはいくつかの側面がある．まずそれは，ゼーマン(Zeeman)効果の理論的解明を通じて，現実的基盤のうえに立つ原子構造論の出発点を与え，同時に，古典論の限界を明らかにすることによって量子論への道をひらいた．電子論のこの側面については，高林によってすぐれた分析が行なわれている[1]．ローレンツはまた，電子そのものの性質を問題としてその質量の起原，自己場の反作用等を論じたが，これは，量子電磁力学・素粒子論の発展の端緒となったものである．電子論のこの面につい

てはパイス(A. Pais)のするどい分析があり，そこではロー
レンツの議論が量子電磁力学の "くりこみ" の考えにまでつ
ながることが指摘されている[2]．こんにちの固体電子論の
源流もやはりローレンツの電子論である．これは多くの人が
指摘するところであるが，固体電子論の創始期についてのた
ちいった歴史的分析はまだ行なわれていないようである．ロー
レンツの電子論のもう1つの重要な側面は，古典的な電
磁場理論の完成とそれによる相対論への道の開拓である．電
磁理論の発展の歴史のなかにローレンツの電子論をおいて
みたとき，その基本的な意義は，早くからアインシュタイン
(A. Einstein)が強調したように[3]，それまでつねに力学的
物質(エーテルを含めて)に担われてしか存在しなかった電磁
場を，物質から切り離して自立した物理的実在として確立し
たことに求められる．

　以上のような意義をもつローレンツの電子論の形成過程
については，これまでにもいくつかの叙述がある．たとえば
ホイッタカー(E. T. Whittaker)はその著『エーテルと電気
の理論の歴史，Ⅰ．古典論』(*A History of the Theories of
Aether and Electricity*, I. *The Classical Theories*)の最終
章を電子論の歴史にあて，ローレンツの静止エーテルの意義
を，"そのようなエーテルは，単にある dynamical な性格を
与えられた空間のことである．それの導入がローレンツの理
論のもっともきわだった，もっとも価値ある特色であった"
と評価している[4]．しかし，ホイッタカーのこの章の記述

は，どちらかといえば，ローレンツの得た諸結果のこんにち
の理論による解釈ないし再提示であって，ローレンツがじっ
さいにそれらの結果を得ていった過程が十分に分析されて
いるとはいいがたい．この点ではむしろ，エーレンフェスト
（P. Ehrenfest）の "Professor H. A. Lorentz as Researcher"
（研究者 H. A. ローレンツ教授）[5] という短い文章にするど
い指摘がみられる．エーレンフェストは，ローレンツがは
じめ遠隔作用論に立っていたことを注意し，ヘルムホルツ
（H. von Helmholtz）からの影響を指摘している．かれはま
た，ローレンツの初期の仕事のなかですでに，エーテルと可
秤量物質の役割の分離が行なわれており，ローレンツの原子
論の立場がかれをこの分離に導いたことも示唆している．し
かし，なにぶん短い文章であるために，ローレンツの思想の
発展過程がくわしく跡づけられているわけではない．ローレ
ンツの初期の遠隔作用論の立場とかれの電子論がどういう関
係にあるかという問題も，十分にふれられていない．高林は
先にあげた分析のなかで，電磁理論の発展と電子論との関係
にふれて，"エーテル一元論は，……電荷をエーテルからは
っきり差別して実体的に把えることをさまたげた……電気は
逆に質量をもった粒子へと実体化されねばならなかった" と
指摘し，"ローレンツははじめ遠隔作用論者としてヴェーバ
ー（W. Weber）にしたがってイオンを考え，これによって分
散を説明したが，やがてマクスウェル理論によって遠隔作用
の立場を否定する．しかもそのさいヴェーバー理論の合理的

核心であったイオンを保存した"と述べている[6]．しかし，この〔高林〕論文の主要な意図は，電子論の形成過程そのものの分析ではなかったから，それ以上には突っこんでいない．

　一般に，過去になされた科学上の業績を科学史的に評価する場合には，その業績がこんにちの科学的達成のうちどれだけの部分を明らかにしたかということと，その業績がその時代の科学の歴史を進めるうえでどのような意味をもったかということとを区別する必要がある．こんにちの知識からみれば間違っていたこと，あるいはこんにちでは重要性を認められないようなことが，歴史のある時点においては科学的認識の進歩の重要な契機として働いたことも，科学の歴史においては数多い．したがって，過去の科学的業績を分析するときには，それがこんにちの科学の体系のうちどの部分を明らかにしたのかということだけでなく，それがいかなる歴史的諸条件を契機として生まれ，また，科学の歴史のその後の進行にたいしてどのような歴史的条件を用意したのか，という観点をとることが必要である．

　この論文の目標とするところは，いま述べたような観点に立ちつつ，ローレンツの原著に即して，電子論の基本的な諸概念が形成されてゆく過程を全面的に追求し，その過程のなかで，いかにして独立の物理的実在としての電磁場の本質的認識が確立されてゆくか，そこに働いた歴史的契機はどのようなものであったかを明らかにすることである．

　電子論のできあがった姿は，ローレンツの『電子論』(The

Theory of Electrons)[7] にわれわれの近づきやすい形で与えられているが，この論文で意図したことの1つは，そこに示されている諸結果はけっして最初から，いまみるようなすっきりした形で得られたのではないことを明らかにすることであった．そのようにすっきりしない形が，こんにちのような形になるまでには，多くの解決を要する問題があり，それらの解決をとおして，一方では，物質の微視的構造に関する明確な描像が得られ，他方では，現代的な電磁場の概念が確立されてゆく．この過程においては，原子論的観点の導入と独立の dynamical system としての電磁場概念の確立とのあいだには，単に偶然的ではない，必然的・内在的な関係があったのである．以下では，ローレンツがマクスウェル（J. C. Maxwell）と大陸派電気力学との双方から受けついだもののからみあい，静止エーテル仮説の歴史的な意味，電子論とヘルツ（H. Hertz）の電気力学との関係などを分析しながら，いま述べたことがらを明らかにしてゆきたいと思う．

2　マクスウェルにおける電磁場と電荷[8]

　よく知られているように，ファラデー（M. Faraday）はその電磁現象についての近接作用論を，電磁的作用は分極した連接粒子からなる媒質によって生ずるという形に表現した．マクスウェルの近接作用論も，電磁的作用を力学的媒質の状態変化によって理解しようとするものであった．マクスウェルの1873年の著書『電気磁気論』（*A Treatise on*

Electricity and Magnetism）には，かれの電磁理論の最終
到達点が示されているとみてよいが，その第1章でマクス
ウェルは，この本の基本的な立場は，帯電体のあいだにみら
れる力学的作用を，媒質の力学的状態によってひき起こさ
れるものとして研究することであると言っている．かれはま
た，同じ章のなかで自分の理論の特徴を数えあげている．そ
こでマクスウェルが強調したのは，帯電のエネルギーは誘電
媒質のなかに存在し，そのさいエネルギーは媒質の電気分極
の形でたくわえられるということであった．このことは，い
わゆる真空についても同様に成り立つ．マクスウェルによ
れば，真空中にはエーテルとよばれる物質的実体（Material
substance or body）⁽⁹⁾ が充満していて，これが誘電媒質
として働くのである．

このように，マクスウェルにあっては電磁場とは，エー
テルを特殊の場合として含む誘電媒質のある力学的状態と
して把握されている．こんにちわれわれは，電磁場を可秤
量物質（ponderable matter）とは別の，自立した dynamical
な物理的実在とみなしている．われわれは，そうやって電磁
場と物質とをいったん互いに切り離したうえで，両者の相
互作用を問題にする．ところが，このような電磁場の把握の
仕方はマクスウェルにはない．マクスウェルの考えた電磁場
は，物質的実体のとる1つの状態であり，つねに物質に担
われてのみ存在する．電磁場は独立の dynamical な物理的
実在ではなかったのである．

　このような理解の仕方は，19 世紀後半にマクスウェル理論を受けいれた人々のあいだにも共通していた．当時イギリスにおいてはマクスウェルの理論を受けいれた人々がエーテルの力学的モデルの構成に熱中したことはよく知られている．1887〜88 年のヘルツによる電波の発見がマクスウェル理論の正しさを証明した，とは多くの科学史書に説かれているところであるが，当時の人々がこのとき証明されたと信じたのは，力学的な実体としてのエーテルの存在であった．事実，この実験を契機として，それまで遠隔作用論が支配的だったドイツにおいても，エーテルの力学的モデルの議論がきかれるようになるのである．

　この時期に特徴的であった媒質のある力学的状態としての電磁場という概念は，マクスウェル理論成立のときの事情に根ざしている．その事情とはまず第 1 に，マクスウェルがその基本的な考え方をひきついだファラデーにおける近接作用の表象である．これにつぎの事情が加わる．マクスウェルは最初，基礎方程式を渦動エーテルと電気粒子の描像にもとづいて導いたのであったが，そこで電流，電荷の実体として考えられた粒子は，真空中のエーテルを構成する部分でもあり，可秤量物質を構成する部分でもあるとされた．このような描像に立つことによってマクスウェルは，誘電物体内だけでなく，いわゆる真空中にも，上述の電気粒子の分極としての電気変位を考えることができた．この電気変位こそマクスウェルの理論をしてマクスウェル理論たらしめた概念であっ

たのだが，同時にうえのような描像は，電磁場がエーテルならびに可秤量物質のある力学的状態であるという理解を生みださずにはおかなかったのである．

　マクスウェルはのちには，表面上うえのような描像を捨てたけれども，それに代る電磁場，電荷の概念を提出しなかった．むしろかれは，電荷を物理量として認めはするが，その本性については問わないという態度を表明している．しかし，こうして電荷の本性についての問題を棚上げしたため，マクスウェルの理論には一種のあいまいさが伴わざるを得なかった．すなわち，電気力の起点となるところの正負の電荷と，近接作用を担うところの誘電媒質の電気分極の実体との関係があいまいであり，互いに混同されているということである．もしここで電荷の本性を追求したならば，おそらく，電磁場を物質から切り離して，自立した物理的実在たらしめる契機がつかめたであろう．つまり，電荷は物質の側へ，電磁場はエーテルの側へという整理を行なう可能性が生まれたはずである．電荷の本性を問題にすることはまた別の面からも問題の解決を促進するはずのものであった．というのは，19世紀も第4四半期にさしかかっていた当時にあって，電荷の本性を問うということは，必然的に物質の微視的構造の探求に結びつくものであったからである．物質を巨視的な連続媒質とみなし，電気現象をその媒質のさまざまな状態として論じているかぎり，電磁場は物質の特殊状態であることをやめることができず，真空中の電磁現象もまた，エーテルと

いう誘電媒質に担われるものとしてしか考えることができない．しかし，物質を微視的粒子のまばらな集積とみなし，それらの粒子のあいだの空間，つまり，巨視的な物質の塊の内部にまでエーテルが浸透していると考えることになれば，おのずから，電磁場を物質から切り離す方向へむかわざるをえないであろう．ローレンツの電子論に負わされた歴史的課題は，以上のようなものであった．

　しかしながら，他のあらゆる歴史と同じく，科学的認識の歴史も直線的ではない．論理的にみてうえのような課題が電子論に負わされていたとしても，電子論は電荷の本性は何か，という直接的な問題提起から出発したわけではない．ローレンツの電子論は，まず光学現象のマクスウェルの理論による取り扱いの探求から始まった．このときローレンツが解かねばならなかった光学的問題には，巨視的と微視的の2つの面があった．巨視的な問題というのは，当時光の弾性波動論が行きづまっていた反射屈折の理論を電磁説にもとづいて作りあげることであり，微視的な問題というのは，物質の光学的性質，とくに屈折率を物質の微視的構造から理論的に導くことであった．光の弾性波動論の直面していた困難については，次節で概観することにして，ここでは，後者について説明を加える．

　ローレンツは，ライデン大学の学生であった頃（1870〜72年）からマクスウェルの電磁気学の論文を熱心に読み，1873年頃にはライデン瓶の放電によって電波を発生させることさ

え試みていた[10]. これらは, ローレンツが早くからマクスウェル理論のなかに, ある真理が含まれているという確信をいだいたにちがいないことを示している. 当時, この確信を支えるために援用することのできた事実は, 電気単位の比と光速度の一致, および誘電率と屈折率の関係の2つであった. このうち前者は, マクスウェルが光の電磁説を提唱するためのきめ手となったほど強力なものであったが, 後者についてはマクスウェルが1873年に『電気磁気論』を書いたときにも, 引用することのできたのはギブソン(J. C. Gibson)とバークレー(T. Barklay)[11] のパラフィンについての測定だけであり, しかも, 理論と実験の比較は完全に満足な一致を与えなかった[12]. この点に大きな進歩をもたらしたのは1874〜75年のボルツマン(L. Boltzmann)の一連の業績であった. ボルツマンはコンデンサーの容量測定および帯電体が誘電体に及ぼす力の測定という2つの方法によって, いくつかの固体誘電体の比誘電容量のいっそう精密な値を求めた[13]. しかし, さらに重要なのは, 種々の気体の比誘電容量の測定[14] であった. それは, 屈折率の2乗と非常によい一致を示して, マクスウェル理論を強化したのみならず, のちに述べるように, ローレンツが物質の微視的構造と屈折率の関係の理論を展開するときに, 基礎的な示唆を与えた. このローレンツの理論では, 一方では, 物質の密度と屈折率との関係(ローレンツ-ローレンスの公式)が理論的に導かれ, 他方では, 光の分散の理論が分子論にもとづいて確立され

た．光の分散については，すでにコシー(A. L. Cauchy)以来，マクスウェル，ゼルマイヤー(W. Sellmeier)，ヘルムホルツらの理論が展開されつつあったが，ローレンツはこれらの理論から分子内の調和振動子という核心をとりだして実体的基礎を与え，それを電磁気学的に扱うことによって，分散の古典論を完成すると同時に，原子の内部構造の探求のための最初のくいをしっかりと打ちこんだのである．

3　光の弾性波動論の困難

　光は剛性をもつ弾性エーテルのなかを伝わる横波であるという理論を 1818 年に確立したフレネル(A. J. Fresnel)は，1823 年には，さらに弾性エーテルの振動に力学的考察を加えて，等方媒質からの反射光の強度に関して，正弦法則，正切〔正接〕法則を導いた[15]．かれは，(1)光の振動は偏光面に垂直，(2)異なる物体中の光の速さはそれらの物体内のエーテルの密度の平方根に反比例する，(3) 2 つの物体の境界面で，境界面に平行なエーテルの変位が連続，(4)エーテルの振動の vis viva〔運動エネルギー〕が保存される，という 4 つの仮定にもとづいて，入射光の振幅を 1 としたときの反射光の振幅として

$$偏光面 \mathbin{/\!/} 入射面のとき：a = -\frac{\sin(i-r)}{\sin(i+r)}, \qquad (1)$$

$$偏光面 \perp 入射面のとき：a = \frac{\tan(i-r)}{\tan(i+r)} \qquad (2)$$

を得たのである。ここで偏光面とはつぎのように定義されている。ブルースターの角度で入射し、反射によって完全な直線偏光となった光についていえば、そのときの入射光を偏光面と定義する。公式(1),(2)はフレネルおよびブルースター(D. Brewster)の実験的検証によって、正しいものと認められた[16]。かれらは、入射面に平行および垂直に偏光した成分の振幅の比が、(1)と(2)から導かれるように $\cos(i-r)/\cos(i+r)$ となるかどうかを、水、ガラス、ダイアモンドについて調べたのである。

さて、フレネルの光の弾性波動論が提出されたのち、当然問題になったのは、弾性エーテルの振動についての数学的理論を展開し、それから実験的結果を導くことであった。この問題提起に刺激されてナヴィエ(C. L. M. Navier)が、弾性体の振動の方程式をはじめて導いたのは1821年であった[17]。1828年にはポアッソン(S. D. Poisson)がこれを解いて、弾性体内には縦波と横波との2種の振動が存在しうることを示した[18]。ナヴィエの方程式は、弾性体の分子的構成についての特別な仮定に立って導かれていたが、1828年にはコシーが弾性体を連続体として扱う一般的なやり方で、方程式

$$\rho \frac{\partial^2 \boldsymbol{e}}{\partial t^2} = n\Delta\boldsymbol{e} + \left(k + \frac{n}{3}\right) \mathrm{grad\,div}\,\boldsymbol{e}$$

を導いた($k=5n/3$ と仮定すると、ナヴィエの式になる)[19]。ここに $\boldsymbol{e}$ は弾性体の各点の変位、ρ は密度、k は体積弾性

率，n は剛性率である．縦波および横波の速さはそれぞれ

$$\sqrt{\left(k+\frac{4}{3}n\right)\Big/\rho},\quad \sqrt{\frac{n}{\rho}}\ \text{で与えられる．}$$

　ところが，ここで早くも弾性波動論は困難につきあたる．横波が存在しうるためには弾性エーテルの剛性率が有限でなければならない．ということは，エーテルが固体の性質をもつことを意味し，空間にみちた稀薄な流体という従来のエーテル観に反する．実際問題として，それはエーテルのなかをかなりの速度で動く遊星がエーテルから認めうる抵抗を受けないという事実と相いれない．ストークス（G. G. Stokes）はこの困難を解決するために，ピッチや靴職人の使うワックスのような物質は，振動を行なうことができるだけの剛性をもつが，同時に塑性をもっていて，他の物体がゆっくりその中を貫通することを妨げないことを注意した[20]．つまり，エーテルはこの性質が極端で，光のような速い振動には固体のようにふるまい，光速に比べるとずっと遅い遊星の運動には流体のようにふるまうというのである．この着想は，トムソン（W. Thomson）によって熱心に支持されたが，数値的な結果を導こうとすると，事実との一致を得ることはできなかった．光速度の算出において光の弾性波動論が最初のつまずきをみせたのに反して，光の電磁説が電波の発見以前に最初にその成功を認められたのは，光速度の理論値と実験値との一致によってであった（次節をみよ）．

　光速度のつぎに光の弾性波動論が直面する困難は，異な

る媒質間の境界条件にかかわるものである．ナヴィエとコシーは，弾性体の振動方程式は導いたものの，一意的な境界条件を与えることはできなかった．したがって，目的とする結果に応じて任意の境界条件を導入する余地が残されていた．現にフレネルが公式(1)，(2)を導いたときには，弾性体の変位の切線〔接線〕方程式が連続という条件(上記の仮定3)をおいただけで，法線成分についてはなんの条件もおかなかった．この不完全さを改めようとしたノイマン(F. E. Neumann)の理論は[21]，変位の3つの成分が連続という条件をおき，さらに入射波が横波なら，反射，屈折波も純横波であるという条件を付け加えた．なお正弦法則・正切法則を導くには，フレネルの仮定(1)，(2)を捨て，代りに(1)振動は偏光面内にある，(2)異なる媒質内の光の速さの差は，それらのなかのエーテルの弾性率の差による(密度は一定)という仮定をおかねばならない．

　1837年にグリーン(G. Green)が変分原理から出発して，弾性体の運動方程式とともに境界条件をも一意的に導いてからは[22]，恣意的なやり方は許されなくなった．グリーンは，変位および応力の3つの成分がそれぞれ連続という合計6個の境界条件を一般的にみたすには，縦波を考慮にいれることがどうしても必要であることを示した．しかし，実際には光の縦波は観測されたことがないので，この難点をのがれるために，グリーンはエーテル中の縦波の速さ

$\sqrt{\left(k+\dfrac{4}{3}n\right)\Big/\rho}$ が無限に大きいと仮定した[23]．グリーン

とは独立に同じ結果に到達したコシーは，$k+\dfrac{4}{3}n=0$ と仮定して縦波の速さを 0 とするという解決策をとった[24]．コシーはこの仮定の物理的内容（$k<0$，すなわち負の体積弾性率）には気にかけずに，もっぱら解析的な解決だけをはかったのであるが，のちに W. トムソンがこのような性質をもつ弾性エーテルの力学的モデルに熱中することになる．しかしそれは，歴史に逆行する行きづまりの道でしかなかった．

4　マクスウェル理論の遠隔作用論的解釈

　前節で述べた光学理論の諸困難は，弾性波動論を捨て光の電磁理論をとることによって一挙に解決された．この課題を遂行したのがローレンツの学位論文 "Over de theorie der terugkaatsing en breking van het licht"（光の反射と屈折の理論について）[25] である．ローレンツは学生時代に，刊行されたばかりのフレネルの論文集（*Oeuvres*, 3 tomes, 1866–70）を入手して熱心に読み透徹したフレネルの理論の美しさに魅せられて以来，フレネルはローレンツにとって "もっとも多くを負う師の 1 人" となった[26]．他方，ローレンツがマクスウェルの理論から熱心に学ぼうとしていたことは，第 2 節で述べたとおりである．かれの学位論文は，フレネルとマクスウェルという 2 人の師の業績を結びつけ

るものであった，ということができるであろう．

　ところで，こんにちローレンツの原論文を読みかえしてみて奇異の感にうたれるのは，ローレンツが弾性理論を捨ててマクスウェルの光の電磁理論をとるべきであると結論しながら，しかも遠隔作用論の立場にたっていることである．かれは，実験事実との連関という点で遠隔作用論の方がまさると判断したのである．すなわち：

　　　電気の運動方程式を導くにあたって，わたくしは主としてヘルムホルツにしたがう．かれと同じくわたくしも出発点として瞬間的遠隔作用をとる；こうすることによって，われわれは理論を観測事実に直接もとづかせることができるのである[27]．

ここでローレンツがしたがうといっているのは，ヘルムホルツの 1870 年の論文 "Über die Bewegungsgleichungen der Elektricität für ruhende leitende Körper"（静止導体に対する電気の運動方程式について）[28] に述べられた理論のことである．

　ではなぜ，光の電磁説についてはマクスウェルを支持するローレンツが遠隔作用論を採用するのか．そのわけを知るためには，当時の学界でマクスウェルの理論がどのようにみられていたかということをみなければならない．近接作用論をとるかとらないかということとは別に，マクスウェルの理

論は当時難解をもってきこえ，当時の人々は受けいれあぐね
ていた．とくに『電気磁気論』は，そこで使われた高度な数
学解析のせいもあって，"ほとんど分け入りがたい知的原始
林"[29] とみなされた．ローレンツ自身も，"マクスウェルの
思想を理解することは必ずしも容易でなかった" と回顧して
いる[30]．この難解なマクスウェルの理論を整理して，当時
の人々に理解しやすい形に書き直してみせたのがヘルムホル
ツの理論だったのである．H. ヘルツは 1891 年にその論文
集『電気力の伝播についての研究』(*Untersuchungen über
die Ausbreitung der elektrischen Kraft*)にみずから書き加
えた解説のなかでつぎのように述べている：

　　多くの人が熱心にマクスウェルの労作の研究に着手
　したが，異常な数学的困難につきあたることを別として
　も，なお，マクスウェルの見解について矛盾のない表象
　をつくりあげることを断念しなければならなかった．わ
　たくし自身も同様であった．マクスウェルの理論の数学
　的諸関係に驚かされるばかりで，マクスウェルの主張の
　物理的意味に関するかれ自身の考えを確実に推測する
　ことはできなかった．したがって，わたくしは自分の実
　験的研究において，直接マクスウェルの著書に導かれた
　のでなく，ヘルムホルツの論文によって導かれたのであ
　る[31]．

　マクスウェルの理論を広めるうえでのヘルムホルツの影響力を示すもう１つの例をあげよう．通信工学における数々の研究，発明で知られるピューピン（M. I. Pupin）は，1883年から1885年まで，つい数年前までマクスウェルが教授をしていたケンブリッジで物理学を学んだが，その自伝によれば，ピューピンは1885年秋にケンブリッジからベルリン大学へ移り，ヘルムホルツの指導を受けるようになってはじめて，それまでよくわからなかったマクスウェル理論の物理的意味を明瞭に知ることができた，と書いている(32)．このような当時の状況のもとでは，ローレンツがヘルムホルツの理論にしたがったのは，むしろきわめて自然なことであったといえよう．

　これらの例によってヘルムホルツの理論の大きな影響を知ることができるが，それはもともと遠隔作用論にもとづく大陸派電気力学の整備から始まった．ヴェーバーの電気力学は(33)，その後キルヒホッフ（G. R. Kirchhoff）によって３次元導体内の電流の分布を決定する方程式にまで拡張され(34)，いくつかの観測事実がそれによって説明された．しかし，ヘルムホルツが検討したところによれば，ヴェーバーの理論では導体内で静止する電気粒子の釣り合いが不安定になることが明らかになった．それに反してノイマン(35)の理論から出発すれば，安定な釣り合いを与える運動方程式に達することが見出される．そこでヘルムホルツは1870年の論文でヴェーバーとノイマンの両方を特殊な場合として含む

一般的な理論を提出したのである．よく知られているように電磁誘導のさいの1次電流は常に閉じているので，1次回路全体に生ずる誘導動電力は実験的に決定できるが，1次回路要素（電流要素）の誘導動電力というものは一意に決定できない．ヴェーバーとノイマンの差は，この電流要素の誘導動電力の式における，閉回路について積分すれば消えてしまう実験的には不定な項に帰する．ヘルムホルツはこの不定項を残して

$$F_h = -A^2 \frac{\partial}{\partial t} \left\{ \frac{i\,ds}{r} \cos(ds, h) + \frac{1-k}{2} i\,ds \frac{\partial^2 r}{\partial h \partial s} \right\}$$

$$(1)$$

を，もっとも一般的な誘導動電力の式として与えたのである．ここに F_h は，電流要素 $i\,ds$ によってそれから距離 r だけ離れた点に生ずる h 方向の動電力である．k は不定の常数で，$k=1$ とおけばノイマンの式，$k=-1$ とおけばヴェーバーの式になり，$k=0$ とすると，定常な場合について，マクスウェル理論から求めた誘導動電力の式に一致する．それだけでなく，マクスウェルにならって空間に拡がった，内部で磁気的ならびに誘電的な分極が生じうるような媒質を考え，その媒質のなかでの分極の変化を(1)式をもとにして論ずると，電気の運動（すなわち電気分極の変化）が縦波および横波として伝わること，また磁気的運動は，電気振動の横波に垂直な横波として伝わること（磁気の縦波は速さが ∞ になる）

40

が示される．かれはこの結果から，

　　　誘電体のなかの電気の運動と光エーテルの運動とのあ
　　いだのいちじるしい類似は，マクスウェル氏の仮説とい
　　う特別の場合だけでなく，電気的遠隔作用についての古
　　い見解を保持した場合にも同様に存在する

と結論し[36]，この類似を 2 つの異なる媒質が境を接してい
る場合に適用して，弾性波動論の困難を解決することを提案
した．そのさいヘルムホルツは，媒質の屈折率の差を誘電率
の違いによるとみるか，透磁率の違いによるとみるかに応じ
て，それぞれ磁気ベクトルまたは電気ベクトルが偏光面内に
あると仮定すべきだ，と正しい示唆を与えている[37]．ロー
レンツの学位論文は，この提案を直接の契機として書かれた
のである[38]．

　ヘルムホルツ理論において，誘電媒質内の電気の運動方程
式を導くあらすじはつぎのとおりである[39]．簡単のために
磁気分極は無視する．また，みやすくするために記号はなる
べくこんにち慣用のものを用い，ベクトル記法を使うが，こ
の当時には，ベクトル記法はまだ一般には使われず，各成分
についての式が書かれるのがふつうであった．

　誘電媒質のなかの各点には，その点での動電力 E に比例
して誘電分極

$$\boldsymbol{P} = \chi \boldsymbol{E} \tag{2}$$

が生ずる. χ はこんにち電気感受率とよばれる. 自由な(つまり真空中の)エーテルのなかにも同様に誘電分極が生ずる. 自由エーテルの感受率を χ_0 とすると, ある誘電体の比誘電率 K は

$$K = \frac{1+4\pi\chi}{1+4\pi\chi_0} \tag{3}$$

である. ヘルムホルツ理論の立場では, この各点の誘電分極の時間的変化を追求することが中心的課題となる. その変化のようすを決定する方程式を導くために, まず媒質内の1点における動電力 $\boldsymbol{E}$ を求める. $\boldsymbol{E}$ は2つの部分に分けられる. その第1は, 誘電媒質の各点の分極 $\boldsymbol{P}$ から静電気的に生ずるもので, これは static だからポテンシャルをもつ;

$$\boldsymbol{E}_1 = -\operatorname{grad}\phi. \tag{4}$$

分極は電荷の変位によって生ずるとすれば, 分極の変化は電荷の運動を意味し, それは電流に等しい効果をもつであろう[40]. この電流を $\boldsymbol{j} = \partial\boldsymbol{P}/\partial t$ と書く. この $\boldsymbol{j}$ による誘導動電力が $\boldsymbol{E}$ の第2の部分 $\boldsymbol{E}_2$ である. それをヘルムホルツの(1)式を使って計算すると,

$$\boldsymbol{E}_2 = -A^2 \frac{\partial \boldsymbol{A}}{\partial t} \tag{5}$$

と書けることがわかる. ただし, $\boldsymbol{A}$ はつぎの式によってき

まる：

$$\Delta \boldsymbol{A} = -4\pi \boldsymbol{j} + (1-k)\operatorname{grad}\frac{\partial\varphi}{\partial t}, \qquad (6)$$

$$\operatorname{div}\boldsymbol{A} = -k\frac{\partial\varphi}{\partial t}. \qquad (7)$$

つぎに，電流 $\boldsymbol{j}$ によって生ずる磁気力をビオ-サヴァールの法則によって表わし，電流の空間分布について積分すると

$$\boldsymbol{H} = A\operatorname{rot}\boldsymbol{A} \qquad (8)$$

が得られる．誘電分極および磁気分極を

$$\boldsymbol{P} = \chi(\boldsymbol{E}_1 + \boldsymbol{E}_2), \qquad \boldsymbol{M} = \kappa\boldsymbol{H} \qquad (9)$$

と書いて(4), (5), (8)を代入し，それぞれの式の rot および div をとると

$$\operatorname{rot}\boldsymbol{P} = -A\chi\frac{1+4\pi\kappa}{\kappa}\frac{\partial\boldsymbol{M}}{\partial t}, \qquad (\text{I})$$

$$\operatorname{div}\boldsymbol{P} = -\chi\varphi + A^2 k\chi\frac{\partial^2\varphi}{\partial t^2}, \qquad (\text{II})$$

および

$$-\operatorname{rot}\boldsymbol{M} = A\kappa\left(\operatorname{grad}\frac{\partial\varphi}{\partial t} - 4\pi\frac{\partial\boldsymbol{P}}{\partial t}\right), \qquad (\text{III})$$

$$\Delta\varphi = 4\pi\operatorname{div}\boldsymbol{P}, \qquad (\text{IV})$$

$$\operatorname{div}\boldsymbol{M} = 0 \qquad (\text{V})$$

が得られる.

　ヘルムホルツの誘導の式においては，$k=0$ がマクスウェルの場合に相当する. そこで(I)–(V)において $k=0$ とおいてみると，$A=1/c$ としたとき，(III)をのぞく4つの式はマクスウェル方程式で D, E, B, H を P, M によって表わしたときに得られる式に一致する[41]. しかし，(III)だけは $(\kappa/c)(\partial E_2/\partial t)$ だけのくい違いを残す. もし(6)式の左辺で A にかかるのが Laplacian〔ラプラシアン〕でなく d'Alembertian〔ダランベルシアン〕であれば，この差は生じないことが容易にわかる. すなわち，くい違いはヘルムホルツの誘導動電力の式が遠隔作用論に立っていて，作用の有限速度での伝達が十分とりいれられていないことの結果である. (I)–(V)から，P の分布の時間的変化をきめる方程式として

$$\Delta P = R^2 \frac{\partial^2 P}{\partial t^2} + S\,\mathrm{grad\,div}\,P, \qquad (10)$$

$$R = A\sqrt{4\pi\chi(1+4\pi\kappa)}, \qquad S = 1 - \frac{(1+4\pi\chi)(1+4\pi\kappa)}{k} \qquad (11)$$

が得られる. これは弾性体の振動の方程式と同じ形をしており，したがって，誘電媒質内の電気の運動は横波および縦波として伝わることがわかる. 伝播の速さはそれぞれ $1/R$ および $\sqrt{1-S}/R$ である. 同じく(I)–(V)から，磁気的振動の方程式は

$$\Delta\boldsymbol{H} = R^2 \frac{\partial^2 \boldsymbol{H}}{\partial t^2} \qquad (12)$$

となり，横波だけが速さ $1/R$ で伝わる．

　ところで，うえに指摘したマクスウェル理論とのくい違いは，これらの式では R，S の値に反映している．すなわち，マクスウェルの方程式から波動方程式を導くと，(10)，(11)において $R = \sqrt{(1+4\pi\chi)(1+4\pi\kappa)}$，$S = 1$ となる．したがって，ヘルムホルツ理論の横波の伝播速度は，マクスウェルのそれの $\sqrt{(1+4\pi\chi)/4\pi\chi}$ 倍になる．しかし，実験的に証明されているのはマクスウェル理論の値であるから，このままでは都合が悪い．この難点をさけるために，ローレンツはあらゆる物質の χ は非常に大きいと仮定して，$\sqrt{(1+4\pi\chi)/4\pi\chi}$ を 1 でおきかえた．観測にかかるのは比誘電率 $(1+4\pi\chi)/(1+4\pi\chi_0)$ だけだから，このような仮定は直接実験と矛盾することはない．しかし，こんにちの電磁場の理論からみれば，このような仮定は不要でもあり，不当でもある．

5　ローレンツの電磁光学

　前節で求めた (10) 式は弾性体の振動の方程式と同じ形をしているが，電磁理論のいちじるしい利点は，2 つの媒質が接している場合の境界条件として，弾性理論とは違ったものを与えることである．それはローレンツによれば，境界面に垂直に x 軸をとると，

$$\left.\begin{array}{l} \dfrac{P_{1x}}{\chi_1} - \dfrac{P_{2x}}{\chi_2} = -\left[\left(\dfrac{\partial\varphi}{\partial x}\right)_1 - \left(\dfrac{\partial\varphi}{\partial x}\right)_2\right], \\[2mm] \dfrac{P_{1y}}{\chi_1} = \dfrac{P_{2y}}{\chi_2}, \qquad \dfrac{P_{1z}}{\chi_1} = \dfrac{P_{2z}}{\chi_2}, \end{array}\right\} \qquad (1)$$

$$P_{1x} - P_{2x} = \dfrac{1}{4\pi}\left[\left(\dfrac{\partial\varphi}{\partial x}\right)_1 - \left(\dfrac{\partial\varphi}{\partial x}\right)_2\right], \qquad (2)$$

$$(1 + 4\pi\kappa_1)H_{1x} = (1 + 4\pi\kappa_2)H_{2x}, \qquad (3)$$

$$H_{1y} = H_{2y}, \quad H_{1z} = H_{2z} \qquad (4)$$

である. (1)の第1式と(2)とから $P_{1x}/\chi_1 + 4\pi P_{1x} = P_{2x}/\chi_2 + 4\pi P_{2x}$ となるが, $P_{1x}/\chi_1 = E_{1x}$ だから, これは $\boldsymbol{D}$ の法線成分の連続を表わしている. (1)の残りは $\boldsymbol{E}$ の切線成分の連続, (3)は $\boldsymbol{B}$ の法線成分の連続, (4)は $\boldsymbol{H}$ の法線成分の連続を表わしている. これらの条件を使えば, 反射・屈折の法則が導かれ, 電気振動 $\perp$ 偏光面とすればフレネルの正弦および正切法則が証明されることは, こんにち電磁光学の教科書に書かれているとおりであり, ここで詳述する必要はない. ただ, そのさいローレンツが $\boldsymbol{E}$ の振動でなく, もっぱら $\boldsymbol{P}$ の振動を論じているということは注意しておいてよいことである. というのは, 分極の変化にもっぱら注目するということは, まだ電磁場が自立した dynamical entity 〔力学的実在物〕としては把握されていないことを示しているからである.

　つぎに注意すべきは, ローレンツが偏光面 $\perp$ 入射面の場

合には縦波をも考慮しなければならないとしていることである．ただし，感受率 χ の絶対値が非常に大きいというさきに導入した仮説によって，$1/\chi$ の程度の量を省略すれば，縦波に関係した量は消えて，困難をさけることができる．だが，もし完全にマクスウェル理論の立場に立つならば，たとい，ヘルムホルツによって書き直された形式を使うにしても，ヘルムホルツの不定常数の値としては0をとるべきであろう．$k=0$ とすると，前節に導いた(Ⅱ)と(Ⅳ)から div $\boldsymbol{P}=0$ となり，縦波が存在しないことが自動的に保証される．ローレンツがそうしないで，縦波の処理を別に考えたということは，かれが大陸派電気力学の立場にとどまっていたことを示すものである．光の電磁説をとるということと，マクスウェルの近接作用論をとるということとは，歴史的には同義でなかったのである．

ローレンツの1875年の論文は6章からできていて，第1章は弾性波動論の検討，第2章はヘルムホルツ理論による波動方程式の導出，第3章は等方媒質による反射・屈折の議論にあてられている．ついで第4章では，結晶による反射・屈折を論じ，偏光楕円体をはじめフレネルの複屈折の理論がすべて再現されることを示す．第5章では全反射を論じ，第2の媒質へも少し光が侵入することを明らかにして，光の侵入しうる深さを具体的な例について計算している．第6章では金属の光学的性質を扱う．金属内では，伝導電流が生ずるために金属内にはいった光の振幅は急激に減衰する

ことを示し，そこから金属では屈折率を複素数として扱うべきことを結論した．複素屈折率の考えは，ブルースターの発見した，直線偏光は金属表面で反射されると楕円偏光になるという現象[42] を説明するために，コシーがはじめて導入した[43]．ローレンツはそれを電磁理論によって基礎づけたわけである．

　最後に，ローレンツは以上の結果を要約して，弾性波動論を捨てて光の電磁理論をとるべきことを結論するとともに，光の分散，偏光面の回転，光学現象に対する外場の影響，媒質の運動の影響などを電磁理論によって扱うことが，われわれの知識を大いに増大させるであろうと述べている．これを読むと，その後のローレンツの電子論のほとんどすべてが早くもここに胚胎していることがわかる．ローレンツの驚くべき洞察力を示すものといえよう．ここで述べられたプログラムの一部は，早くも3年後の論文 "Over het verband tusschen de voortplantingssnelheid en samenstelling der middenstoffen"（光の伝播速度と，媒質の密度および構成とのあいだの関係について）[44] において実行された．

　この論文で得られた主な結果は2つある．第1は，物質の密度が変化するとき屈折率が変化することを示し，密度と屈折率の関係を表わす式（いわゆるローレンツ–ローレンスの公式）を得たこと，第2は，はじめて満足な光の分散の理論を確立したことである．だが，この論文の歴史的な意義はこれだけにとどまるものではない．まず注目すべきは分子内

の荷電振動子のモデルがはじめて確立されたことである．さらに，重要なのは，この論文でもまだ遠隔作用論の立場がとられているとはいえ，物体内の光学的，電磁現象における"エーテル"の役割と"可秤量物質"の役割とが明瞭に分離されることである．マクスウェルにおいては，エーテルも可秤量なふつうの誘電体も，ともに同じく連続な誘電体として同格に扱われている．それに対して，ローレンツのこの論文においては，エーテルだけがいわば本源的な誘電媒質であって，可秤量物体の示す誘電現象は，物体をつくる分子と，分子間のすきまに浸透しているエーテルとの電磁的相互作用にもとづくものとして説明される．ここに，場と物質を切り離す方向への歩みが始まった，ということができるであろう．そして，このようなエーテルとの電磁的相互作用という観点は必然的に，分子の電気的構造——荷電振動子というモデルを生みだすのである．

　このエーテルと可秤量物質の役割の分離がおこなわれるうえで本質的だったのは，物体の構成について分子論をとり，その分子は一様なエーテルのなかに散在しているという描像をとったことである．ローレンツはこの描像を，すでに1875年の論文において得ていた．そこで，ふたたび1875年の論文にたちかえってみよう．この論文の第3章でローレンツは，光の電磁説の真否をたしかめるために，マクスウェルの与えた物質の屈折率と誘電率の関係式に目をつけ，当時得られていた測定結果を吟味している．かれは，気体の誘

気　　体	$\sqrt{K}$	n
空　　気	1.000295	1.000294
炭 酸 ガ ス	1.000473	1.000449
水　　素	1.000132	1.000138
酸 化 炭 素	1.000345	1.000340
亜酸化窒素	1.000497	1.000503
生　油　気 〔エチレン〕	1.000656	1.000678
メタンガス	1.000472	1.000443

電率も屈折率もほとんど 1 に近いこと，いいかえると，気体の誘電定数とその中での光速度とが真空中のそれらの値とほとんど同じだということに注目した（ローレンツの論文からとった上の表をみよ）[45]．ローレンツはこのことは，気体では誘電現象が主としてエーテルによるものであって，分子はごくわずかの影響を及ぼすにすぎないことを示すものと解釈した．また，固体や液体についても，当時広く研究されていた地球とエーテルの相対運動が光学現象に及ぼす影響をひきあいにだして，物体の分子のあいだの空間にはつねにエーテルが存在するにちがいないと考えた．こうしてローレンツは，物体内の電気現象の完全な説明を与えるのに，まずエーテルを考え，つぎにそのなかに見出される分子を考慮にいれるという方法を提唱する．そしてこの方法を具体的に例示するために，気体に対して

$$\chi_1 = \chi_0 + \alpha p \tag{5}$$

と仮定して（χ：感受率，χ_0：エーテルの感受率，p：単位体積中の分子の数，α：定数），これを

$$n^2 = K = \frac{1 + 4\pi\chi}{1 + 4\pi\chi_0}$$

に代入し，これからdを気体の密度としたとき，それぞれの気体について

$$\frac{n^2 - 1}{d} = \text{const.} \tag{6}$$

という関係を導いた[46]．これは，以前にアラゴ（F. Arago）とビオ（J. B. Biot）が見出していた関係である．これによって(5)式について確信を得たローレンツは，気体の分子間のエーテルは真空中とまったく同じ性質を保持していること，および，外から動電力 $\boldsymbol{E}$ が働くと分子内に $\alpha\boldsymbol{E}$ という電気分極が生ずること，の2つを仮定した．こうして，エーテルと可秤量物質の役割の分離および分子の電気的内部構造の最初のアイデアが得られたのである．

ローレンツは1878年の論文で，気体にかぎらず，一般の物体の屈折率と分散を光の電磁理論にもとづいて扱い，これらのアイデアをいっそう発展させた．ローレンツはこれらの問題を扱うにあたっての困難として，分子の内部構造やそのなかで生ずる電気的運動についてわれわれが何も知らないこと，また（前論文と同様の理由をあげて），分子間の空間はエ

ーテルによってみたされていると考えねばならないのに，分子がどのようにエーテルのなかにうめこまれているかがわかっていないことをあげている．前者はわれわれにも理解できる困難である．ローレンツはさしあたって，分子内に電気モーメントが生じうることだけを仮定した．後者の困難は，こんにちからみるとちょっと理解しがたい．エーテルが真空中の電磁場の別名であるならば，分子の近くのエーテルの状態は理論から一義的に決まるものであって，のちに問題となる場の反作用とか，あるいは陽電子論における負エネルギー電子の分布などの困難はまだ問題になりえなかったこの時代に，いったいどんな困難があったのかとふしぎに思われる．それをローレンツが問題視するのは，かれがエーテルを誘電物質として扱おうとするためにほかならない．それはともかく，かれはこの点についてのもっとも簡単な仮定として，前論文で気体に対しておいた仮定を一般の場合にも採用して，エーテルの性質は分子のごく近くを別として真空中となんら変わらないと考えた．分子の近傍については，エーテルの各所に小さな（光の波長に比べて）球形の穴を想定して，そのなかにそれぞれ1個の分子がはいっているという描像を採用した．エーテルにわざわざ穴をあけて，そのなかに分子をおくというのは，われわれからみれば不必要な複雑化であるが，Appendix〔本論文末尾〕に示すローレンツ-ローレンス公式の導き方をみるとわかるように，これは，W.トムソンが誘電体内部の電気変位 D の定義に使った方法をエーテル

に適用しようということなのである．したがって，分子のなかの電気的変化は，分子とエーテルの穴の内壁とのあいだのからっぽの部分をとびこえて，直接エーテルの内部の分極状態に影響を及ぼすというふうに扱われることになる．ここには，遠隔作用がまだ生きているのである．

　以上の仮定のうえにローレンツが導いた屈折率と密度 d の関係は

$$\frac{n^2 - 1}{(n^2 + 2)d} = \text{const.} \qquad (7)$$

である[(47)]．その導き方の概略は Appendix に示しておいた．この(7)式から，混合物の屈折率 n が各成分の屈折率 n_i によって

$$\frac{n^2 - 1}{n^2 + 2} = \sum \frac{n_i^2 - 1}{n_i^2 + 2} \qquad (8)$$

と表わされることが導かれる．これによって，混合物の屈折率を計算することができる．

　つぎに，光の分散の理論的説明を与えるために，ローレンツは，以上の議論では，分子のおかれている穴の直径 ρ および分子間距離 δ と光の波長 l との比 ρ/l および δ/l の2次以上の項が省略されたことに着目した．この近似は短い波長に対しては成立せず，補正が必要になる．この補正を加えれば光の分散が説明されるかもしれないと考えたわけである．しかしローレンツは δ/l について2次までの補正を求めてみたが（ρ/l については1次まで），きわめて小さな屈折率の変

化しか与えなかった．こうしてローレンツは，質量をもった
荷電粒子というモデルを提唱するのである：

　　　光の電磁理論を受けいれるならば，分散の原因を媒質
　　の分子それ自身のなかに求める以外に方法はないと思
　　う．じっさい，媒質分子のなかでは，電気モーメントが
　　励起されるやいなや，同時にある質量が運動を始めると
　　いう仮定をとれば，分散を与える公式を得ることができ
　　る[48]．

　Dispersive な物質の分子の表象として，エーテルの球形
の穴 S のなかに不動の電荷 $-e$ と動きうる電荷 $+e$ とがあ
り，動きうる電荷 $+e$ は質量 μ をもつというモデルをとる．
動きうる電荷を A とよぶと，A が $\boldsymbol{r}$ だけ変位すれば分子は
モーメント $\boldsymbol{m}=e\boldsymbol{r}$ をもつ．このとき分子内では A に $-g\boldsymbol{r}$
という力が働いて，電荷を釣り合いの位置へもどそうとする
と仮定する．そうすると外から動電力 $\boldsymbol{E}$ が働いたときの A
の運動方程式は

$$\mu\frac{d^2\boldsymbol{r}}{dt^2} = e\boldsymbol{E} - g\boldsymbol{r} \qquad (9)$$

である．$\boldsymbol{r}$ として $\sim\cos(2\pi/\tau)(t+p_1)$ という形を仮定して
解くと，$\boldsymbol{r}=e\boldsymbol{E}/\{g-(4\pi^2\mu/T^2)\}$ となる．$\boldsymbol{m}=e\boldsymbol{r}=a\boldsymbol{E}$
に代入して a を求め，それを Appendix の (γ) に代入して
Appendix (5)式を使えば

$$\frac{n^2+2}{n^2-1} = \frac{A - \dfrac{B}{l^2}}{\dfrac{C}{l^2} - D} \qquad (10)$$

となり，観測されるとおりの分散を与える.

　こうして，荷電調和振動子が分子内に存在するという，電子論の基礎となるモデルが確立された．もっともただの調和振動子ならば，それを分子内に想定したのはローレンツが最初ではない．すでに 1850 年頃にストークスが，太陽スペクトル中の暗線 D とナトリウム焔の輝線の波長とが精密に一致することは偶然でないとみて，それを説明するために，ナトリウムの分子のなかでは，ある固有の振動数をもつ振動が生じうるという考え方を W. トムソンに示唆している[49]．ストークスはこのモデルを蛍光の説明にも利用した(1852 年)．また，ゼルマイヤーは同様のモデルを使って，光の分散の理論を展開している(1871 年以降)．しかし，これらはいずれも弾性波動論の立場に立つ力学的な振動子であった．それに電荷を与えて，光の電磁理論に結びつけたのは，やはりローレンツがはじめてであった.

6　分子論と大陸派電気力学の影響

　前節で指摘したように，光学現象の電磁理論にとりくんでいたころのローレンツは，エーテルを誘電的な物質的実体と考える点ではマクスウェルと同様であったけれども，可秤量

物質の分子的構造を考え，電荷は分子内に存在するというモデルが理論の基礎におかれていたことによって，場と物質を分離する方向へ一歩ふみだした．この点に注目するならば，分子論と荷電粒子の概念の導入は電磁場概念の発展の歴史において本質的な意味をもっているといわねばならない．いうまでもなく，前節で考察した1878年の論文は，その後の分子構造論の発展にとっても重要な意義をもっている．ローレンツ自身，かれの得た(6)式，(7)式を種々の物質についての屈折率の測定値と比較・吟味して，そこに見出された小さなくい違いを説明するには，分子の内部構造の変化を考慮にいれなければならないだろうと述べている．しかし，この論文における分子論の意義は，このような物性論的な面だけにかぎられるのではない．エーテルと可秤量物質の役割の分離という，電磁場概念の発展史の重要な段階が，まさに分子論の導入によってもたらされたのである．それでは，ローレンツにおいて電磁気学への分子論的立場の導入を可能ならしめたのは，どういう事情であったろうか．もちろん，純理論的にいえば，物質の分子的構造を考慮することは，物質の光学的性質を理論的に解明しようとするとき必然的に採用しなければならないコースであったということができるであろう．しかし，まず第1に，物質の光学的性質を理論的に解明するという課題自体が，ある歴史的条件のもとでのみ提起されえたのであるし，つぎに，分子論の導入がこの課題からの必然的な要請であるにしても，それが1870年代にローレンツ

によって実行されたという事実には，それなりの歴史的契機
があったにちがいない．したがってここには，単に論理的必
然としてかたづけるのでなく，歴史的な考察を加えてみなけ
ればならない問題が含まれている．

　われわれはまず第1に，当時一般的な分子論の高まりが
あったことをあげねばならない．ローレンツは，物質の光学
的性質についての論文を発表した1878年の初めにライデン
大学の理論物理学教授に就任したが，この年1月25日に行
なった就任講演は "De moleculaire theoriën in de natu-
urkunde"（物理学における分子論）[50] と題されている．こ
の講演でローレンツは，物理学のあらゆる研究の終局の目的
は "無数の自然現象を少数の簡単な基礎原理の必然的帰結と
して導くことでなければなりません"[51] と述べ，その例と
してガッサンディ（P. Gassendi）以来の分子論の発展につい
て語ったのである．その最後の部分でローレンツは，物質の
光学的性質をマクスウェルの光の電磁理論によって研究する
ことが，物質の分子的構造を明らかにするうえに役立つであ
ろうと予測しているが，これは，前節で検討した1878年の
論文の意図を述べたものにほかならない．

　さて，ローレンツはこの講演で，

　　　物理学者の考えでは，物体は "分子" とよばれるきわ
　　めて小さな粒子の系であり，各分子は，化学がよりくわ
　　しく教えてくれるように，いくつかのさらに小さな粒子

——"原子"——から構成される，とされていることを
知らぬ人はこんにちほとんどいないでしょう(52).

と述べている．これは，当時の物理学者のあいだに分子論が
広く受けいれられていたことを示しているが，そのように分
子論を普及させたのは，気体分子運動論の成功であった．じ
っさい 1860 年代および 70 年代を通じて，気体分子運動論
は物理学者のあいだに広い関心をよび起こし，多くの人々が
活発な理論的ならびに実験的研究を行なっていた(53)．1850
年代の終りにクラウジウス(R. Clausius)(1858)，マクスウ
ェル(1859)によって基本的骨組をつくられた気体分子運動
論は，60 年代にはいって個別的問題の議論へと拡張された．
クラウジウスの熱伝導の研究(1862)，マイヤー(O. E.
Meyer)の粘性についての研究，ロシュミット数の決定
(1865)，マクスウェル分布の証明と r^{-5} に比例する分子間
力による熱伝導・粘性の理論の成功(マクスウェル，1866)
など．エントロピー増大の法則(クラウジウス，1865)のな
げかけた暗影も，ボルツマンの H 定理(1872)を契機として，
かえって 70 年代には統計力学の形成に向かっての前進を促
進することになった．ローレンツ自身，上記講演のなかで気
体分子運動論の数々の成果を強調しているだけでなく，この
分野でいくつかの重要な寄与をしている．すなわち，音波の
伝播の分子運動論的な理論(約 50 年後，超音波で発見され
た，多原子分子気体におけるエネルギー分配の緩和現象が予

見されている），ヴィリアル定理によるヴァン・デル・ワールス方程式の導出，ボルツマンのＨ定理の証明の改良などである．

　このような分子論の背景がローレンツの電子論への道を用意したわけであるが，われわれはそれに加えて，大陸派電気力学の影響を評価しなければならない．分子内の荷電調和振動子というモデルの導入は，電子論の形成の１つの重要な段階であったが，このことは，電荷の本性を問わないというマクスウェルの態度にとどまっているかぎりは不可能なことは明らかである．ところがマクスウェルとは反対に，大陸派電気力学ではほとんど最初から一貫して，電気(粒子)の運動という概念を基礎においていた．遠隔作用論的電気力学の創始者アンペール（A. M. Ampère）は，電流の流れている導体の運動を論ずることに力点をおき，電気流体や電気粒子というような仮想的実体を導入することをさけたが，電磁誘導が発見されると，遠隔作用論によってこれを扱うためには電気粒子の仮説を導入することが不可避になった．媒質による近接作用論とちがって，遠隔作用論はその歴史的起原からいっても離散的な物質像，粒子論に結びついていた．粒子と中心力による物理現象の説明というのが力学的自然観の目標であるが，大陸派電気力学はこの思想の流れをくむものであった[54]．電流を正負に帯電した粒子の流れとみなして，電磁誘導をはじめて遠隔作用論的に論じたのは，フェヒナー（G. T. Fechner）である[55]．電流についてのこのような表

象は，その後ずっと大陸派電気力学に引きつがれた．キルヒ
ホッフやヘルムホルツが電気力学の基礎方程式を "電気の運
動方程式" とよんでいるのは，文字どおり "電気(粒子)" の
運動を決定する方程式という意味である．この大陸派電気力
学では，はじめのうちは，18 世紀の電気流体概念があとを
ひいて，電気(粒子)は不可秤量物質として扱われていた．そ
れが慣性をもつという考えは，ヴェーバーやロールベルク
(H. Lorberg)によって導入された[56]．このようにして，質
量をもった荷電粒子という概念は大陸派電気力学において用
意されたのである．ローレンツが大陸派電気力学を足場とし
て光の電磁理論を扱ったことは，すでになんどか述べたとこ
ろである．かれは，マクスウェルの電磁説の主要な原理は，
その振動を電流と同じ本性の運動であるとみなすことであ
るといい[57]，前節でみたように，E や H についての波動
方程式でなく，分極 P についての波動方程式を基礎におい
て，つねに "電気の運動" について語る．これはまさに，大
陸派電気力学から受けついだ姿勢というべきであろう．かく
して，物質の構成要素としての荷電粒子というローレンツの
概念は，当時の分子論の隆盛に加えて，大陸派電気力学から
の影響のもとに形成されたということができるであろう．し
かも，この推測を裏付けてくれるローレンツ自身のことば
が，1891 年 4 月にかれがオランダ物理学・医学会議で行な
った "Electriciteit en Ether"(電気とエーテル)[58] という
講演のなかに見出される．ローレンツはそこで，大陸派電気

力学とマクスウェルの理論とを比較したうえでこう言っている.

　　　少なくとも形のうえでは，少しばかりの変更を加える
　　だけで新しい見解（＝マクスウェル理論）から古い見解
　　（＝大陸派）へ近づくことができるということに注意す
　　るのはとくに大切である．古い理論では，帯電した導体
　　から得た観念が仮想の電気物質の粒子にまで移しうえら
　　れたが，マクスウェルにしたがう立場でも同様のことが
　　可能である．われわれは，小さな荷電粒子，たとえば，
　　帯電した導体と同じような性質をもつ粒子が存在してお
　　り，われわれが認めうる電荷，すなわち，目にみえるほ
　　どの大きさの物体の電荷は，そのような粒子の集まり
　　から生じ，電流はそれら粒子の運動である，と仮定するこ
　　とができる…….

　こうしてわれわれは，ローレンツは，当時の分子論の高ま
りを背景とし，大陸派電気力学から得た荷電粒子の観念を
マクスウェル理論にもちこむことによって，場を物質から
分離し，独立の物理的実在としての場の概念を確立する方向
への第1歩をふみだすことができた，と主張することがで
きる.

7　近接作用論への移行

　これまでたびたび指摘したように，1870 年代に光学現象の電磁理論を開拓したとき，ローレンツは遠隔作用論を採用していた．それでは，ローレンツがファラデー–マクスウェルの近接作用論に移行するのは，いつごろのことであろうか．

　ローレンツは 1878 年の論文で，ローレンツ–ローレンスの公式と実験値を比較するにあたって，液体内の分子間隔くらいの小さな距離では，電気の遠隔作用の法則がふつうの形と異なることもありうると述べている(59)．しかし，これはただちに近接作用論を示唆するものではない．実験値と公式とのあいだにずれが見出されたが，ローレンツはそれを，むしろ分子の内部構造の変化によって説明する可能性を考えている．さらに，かれは 1882 年に，2 つの電流要素のあいだに働く力について，大陸派電気力学の立場から加えた考察を発表している(60)．1883 年にはホール効果と光の偏光面の回転について論じている(61)．ここではもちろん光の電磁理論が扱われるけれども，初期のローレンツでは光の電磁論と遠隔作用論とが両立していたから，それだけではなんとも言えない．この 1883 年の論文には，かれがはっきり近接作用論に移っていたことを示すような個所はない．

　ローレンツは 1880 年代には主として気体分子運動論と熱力学の分野の研究を行なっており，さきにあげた 2 つの論文以外には電磁理論に関する研究を発表していないから，こ

の期間におけるローレンツの考えの発展を確実にたどること
はできない．しかし前節で引用した 1891 年 4 月の講演 "電
気とエーテル" では，はっきりとファラデー–マクスウェル
の近接作用論をとることを言明している．ところで，この講
演のなかでローレンツが近接作用論のために援用している名
前は，ポアンカレ(H. Poincaré)と，ヘルツである．ヘルツ
については 1887～8 年の電波の実験のことを述べ，ポアン
カレについては，かれがマクスウェルをよく理解して解説し
たと述べている．これはポアンカレのソルボンヌでの講義を
まとめた『電気および光学』(*Électricité et optique*, 1890)
を指しているに相違ない．ローレンツは，コンデンサーの極
板に電位差をかけたとき極板間の誘電体の内部に生ずる現象
について，遠隔作用論とマクスウェル理論とが描く表象の違
いについて述べているが，これはポアンカレがこの著書のな
かで論じたものである[62]．

　もう 1 つ，近接作用論を採用する理由としてローレンツ
があげているのは，電磁場の動力学的性格である(これにつ
いては第 9 節をみよ)．しかし，これは早くからマクスウェ
ルが強調したことであるから，これが決定的な理由ならば，
ローレンツはもっと早くから近接作用論に移っていたであ
ろう．とすると，やはりヘルツやポアンカレの仕事が，近接
作用論への移行の契機となったのではなかろうか．したがっ
て，いちおうの見当として，ローレンツがはっきり近接作用
論に移行するのは 1880 年代の後半，それもその終り近くで

あった，と推定することができるであろう．

8　ヘルツの電気力学

　近接作用論に移行したローレンツが，独立の dynamical な系としての電磁場の概念を確立し，電子論の基本的な枠をつくりあげたのは 1892 年である．ローレンツのこの 1892 年の仕事は，ヘルツが 1890 年に展開した電気力学から示唆を受けるとともに，それに対する批判のうえに展開された．したがって，ローレンツの 1892 年の仕事の検討に進むまえに，ヘルツの電気力学の意義を明らかにしておかねばならない．

　ローレンツ–ローレンスの公式を導いた 1878 年の論文では，その大部分の議論がポテンシャルにもとづいて進められているが，これは，当時のローレンツの遠隔作用論からすれば自然なことであった．しかし，マクスウェルが基本量のうちにポテンシャルを含めて理論を展開していたことは，ポテンシャルが粒子と中心力を基礎におく遠隔作用論的力学のなかで生まれ，利用されてきたものであるだけに，理論の一貫性を損なうものであった．そして，そのことが当時の電磁気学に混乱をよび起こしていた．

　マクスウェルの理論の最終的な定式化では[63]，電磁場の基礎方程式は(完全不導体の場合をとる)，ベクトルおよびスカラー・ポテンシャルを使って

$$\boldsymbol{B} = \operatorname{rot} \boldsymbol{A}, \tag{1}$$

$$\boldsymbol{E} = -\boldsymbol{A} - \operatorname{grad} \Psi, \tag{2}$$

$$4\pi\boldsymbol{C} = \operatorname{rot} \boldsymbol{H} \qquad (\boldsymbol{C}：全電流), \tag{3}$$

$$\boldsymbol{D} = \frac{K}{4\pi} \boldsymbol{E}, \tag{4}$$

$$\boldsymbol{C} = \boldsymbol{D} = \frac{K}{4\pi} \boldsymbol{E}, \tag{5}$$

$$\rho = \operatorname{div} \boldsymbol{D}, \tag{6}$$

$$\boldsymbol{B} = \mu\boldsymbol{H} \tag{7}$$

と書かれる[64]．(1), (2), (3), (5), (7)から

$$K\mu\frac{d}{dt}(\boldsymbol{A} + \operatorname{grad} \Psi) - \Delta\boldsymbol{A} + \operatorname{grad} J = 0 \tag{8}$$

$$ただし，\ J \equiv \operatorname{div} \boldsymbol{A}$$

が導かれる．ここでマクスウェルは1つの仮定を導入する．すなわち，(8)の div をとると

$$K\mu\frac{d}{dt}\left(\frac{dJ}{dt} + \Delta\Psi\right) = 0$$

となるが，$\Delta\Psi$ は自由電気の体積密度に等しいから t に依存しないとして，括弧内の第2項をおとす．すると，$d^2J/dt^2 = 0$ だから，J は t の1次式である．そうしておいて，いま考えるような周期的な disturbance〔擾乱〕では，そのような Ψ や J は考慮にいれなくてもよい，という理由で(8)式から

Ψ や J の項をおとすのである．結果は A に対する波動方程式となる[65]．以上のやり方は結果からみれば，$J = \mathrm{div}\, A$ の項をおとしたことによって，クーロン・ゲージをとったことになっている．したがって，Ψ はクーロン・ポテンシャルを与えるから，A の変化が有限の速度で伝播するのに対して，Ψ の変化は全空間で同時に起こることになる．これは，ポテンシャルが E や H と同格の理論の基本量と考えられ，理論のゲージ不変性というようなことが認識されていなかった当時にあっては，解釈に苦しむ奇妙な事情であった．また，うえに要約したマクスウェルの議論の進め方が，恣意的，技巧的であることも否めない．こうして，マクスウェル以後，ポテンシャルをどう物理的に解釈するかをめぐって混乱が生じた．とくに，ヘルツの電波発生の実験を契機に問題が尖鋭化し，たとえば英国科学振興協会（British Association for the Advancement of Science）の 1888 年，1890 年の年次大会で，この問題をめぐって大議論があったことが報告されている[66]．

　いうまでもなく，こんにちの電磁理論においてもポテンシャルは使用される．しかし，この場合には，理論のゲージ不変性の認識が根本にあり，観測可能量は場の強さであって，ポテンシャルはそれとは次元の異なる量として把握されている．したがって，1880 年代のポテンシャルをめぐる混乱を解明することは，理論のゲージ不変性の認識の端緒となるものであった．しかし，そのような認識に進むためには，い

ったんポテンシャルを否定して，それを単なる数学的補助量
の地位にひきおろすことが必要であった．これを行なったの
が，ヘヴィサイド（O. Heaviside）とヘルツである．ヘヴィサ
イドは，こんにちわれわれが使うようなベクトルの表記法を
工夫し，rot, div などの演算を定義し，その性質をしらべて
ベクトル解析を発展させた人である．かれは 1885 年にこの
道具立てを使って，マクスウェルの方程式系を書き直すとと
もに，それらからポテンシャルを一切消去した[67]．ここに
はじめて，こんにち教科書に書かれている "マクスウェル方
程式" が確立された．しかし，ヘヴィサイドはこの整理の意
味については立ちいって述べていない．ヘルツの仕事が，プ
ライオリティーをヘヴィサイドにゆずるとはいえ，内容的に
はいっそう注目に値するのは，まさにこの点に関してであ
る．

　ヘルツがこの課題をとりあげたのは，1890 年の論文 "Ue-
ber die Grundgleichungen der Elektrodynamik für
ruhende Körper"（静止物体に対する電気力学の基本方程
式について）[68] においてである．ヘルツは，マクスウェル
の理論は内容的には完全といってよいことを認めたうえで，
マクスウェルが理論の基礎に誘電媒質の概念をおいているこ
とのなかに，首尾一貫しないものがあると批判する．

　　マクスウェルは直接働く遠隔力の仮定から出発して，
　誘電的なエーテルの仮想的分極がそのような遠隔力の影

響のもとで変化する法則を求める．そうしておいて最後
には，分極はたしかにそのように変化するのだが，その
本当の原因は遠隔力ではないと主張する．……このよう
な行き方は，公式中にいくつかの余分な，いくらか未熟
な概念を残すことになった．それらの概念は本来，直接
の遠隔作用をとる古い理論でしか意味をもたないもので
ある(69)．

　ヘルツは，そのような余分で未熟な概念として，自由エー
テルのなかで電気力と誘電変位を区別することや，ポテ
ンシャルが基礎方程式にはいりこんでいることをあげてい
る．このような批判は，あるいはマクスウェルの真意を見損
なったものであるかもしれない(70)．しかし，ローレンツの
1878年の論文にみるように，エーテルという誘電媒質を導
入して，そのなかで生ずる電気の運動を遠隔作用論的に扱う
という行き方が，当時広く行なわれていたとすれば，これは
それらに対するまことに鋭い批判である．ヘルツはこの批判
にもとづいて，電磁理論の基本量としては実証的に明確に定
義できる量をとるべきことを主張した．かれはそのような量
として，小さな帯電体および磁石に働く力学的な力として定
義される電気力 $\boldsymbol{E}$ と磁気力 $\boldsymbol{H}$ とをとった．そうして，理
論の出発点として，電磁場のエネルギーが

$$\frac{1}{8\pi}\int\{K\boldsymbol{E}^2+\mu\boldsymbol{H}^2\}dV$$

で与えられることを postulate〔仮定〕し，これからマクスウェル方程式を deductive〔演繹的〕に再現するのである．

　ヘヴィサイドとヘルツによる整理は，マクスウェル理論が電場および磁場の強さと電荷および電流とだけによって定式化できることを示した．これは，電磁場の物理的状態を規定する量は何かということを明らかにし，電磁場を可秤量物質から独立させ，電荷を物質の側に帰するという電子論の基礎を用意するものであった．また，上述のヘルツの批判は，以前のローレンツの中途半端な立場をゆるがし，明確に場の理論の観点に立つことを助けたにちがいない．しかしながらヘルツ自身は，ローレンツのように E および H という力の背後にある dynamical な実在としての電磁場にまで進むことはしなかった．そこに，実証主義に傾いていたヘルツの限界があった．かれは，電磁場をどのようなものとして理解すべきかについて，つぎのように述べている．

　　　自由なエーテル〔今日でいう真空のこと〕を含めてすべての物体の内部には電気的および磁気的とよばれる，静止からの2種の乱れが生じうる．これらの状態変化の本質を知ることはできないが，その存在によってひき起こされる現象だけは知ることができる．それらの現象を知りさえすれば，その助けをかりて状態変化の数学的関係を決定することができる(71)．

　この文章は，ヘルツもまた，電磁場を物体に担われてのみ
存在する，物体のある状態を表わすものと考えていたことを
示している．このようなヘルツの限界は，運動物体内の電磁
現象を論ずるときに[72]，いっそう明らかになる．

　当時，運動物体内の電磁現象を論じようとしたときに最初
にぶつかる問題は，物体に含まれるエーテルが物体の運動
にしたがうかどうかということであった．ヘルツは，エーテ
ルが物体の運動に完全に随伴するという仮説をとった．かれ
は，閉じた器のなかからエーテルを排除することができない
という事実を考えると，エーテルが物体の運動に無関係だと
いう表象をとりたくなると述べている．にもかかわらず，こ
れまで確実な研究のなされている範囲内の電磁現象にかぎっ
ていえば，それらの現象からは相対運動の大きさを示すもの
が得られていない，という理由で可秤量物質とエーテルの相
対運動をしりぞけたのである．さらにもう１つの理由とし
て，もしこの相対運動があるとすればエーテル内の電磁現象
と可秤量物質そのものの電磁現象の２つの電磁現象を考え
ねばならないことをあげている．

　　この仮定をわれわれの理論にあてはめると，空間の各
　点におけるエーテルの電磁的状態と可秤量物質のそれと
　が，ある意味で独立とみなさなければならなくなる．そ
　うすると，運動物体内の電磁現象は，電気的および磁気
　的状態のおのおのに対して，それぞれ少なくとも２つ

の方向量を導入しなければ扱えない[73].

　このような2元的な電磁理論の試みはラーモア(J. Larmor)が述べているが[74]，それはいたずらに複雑なだけで，積極的な成果は何もひきだしていない．しかし，エーテルを可秤量物質から独立させることがそのような2元的な理論構成に結びつくのは，物質の原子的構造に立ちいらないかぎりでのことにすぎない．物質の分子的構造を積極的に電磁理論にもちこんで，電磁場はエーテルへ，電荷は物質粒子へという分離を行なえば，そのような困難は生じない．現にローレンツは1878年の論文でそのようなエーテルと物質粒子の役割の分離を行ない，それが1892年の論文にいたって，現代的な電磁場概念の成立へと発展するのである(第10節をみよ)．それに対して，実証主義的なヘルツは，原子論的観点の導入をさけたために，物体の運動にまったく随伴するエーテルという仮説をとらざるをえなくなり，独立した実在としての電磁場を可秤量物質から切り離す道をふさいでしまった．

9　電磁場の動力学的把握

　エーテルの問題のほかに，ヘルツの電気力学にもう1つ欠けていたのは，電磁場の dynamical な性格の意識的把握であった．ヘルツは，マクスウェル方程式の簡単明瞭な定式化を与えるだけで満足し，電磁場それ自体のなかで生ずる物

理的過程を問題にしなかった．これに対してマクスウェルの
理論は，ヘヴィサイド，ヘルツによる整理を受けねばならな
い未熟さをもってはいたが，電磁場の dynamics を一貫し
て追求することを最大の特徴としていた[75]．ヘルツの整理
を受けいれつつ，その実証主義的な限界をこえて，マクスウ
ェルの追求した電磁場の dynamics をより高い次元におい
て表現することは，ローレンツの電子論に残されていたので
ある．

　ローレンツの電子論の基礎は，1892 年の論文 "La théorie
électromagnétique de Maxwell et son application aux
corps mouvants"（マクスウェルの電磁理論とその運動物体
への応用）[76] において確立された．その序論でローレンツ
は，これが書かれる直接の契機となったのは 1890 年のヘル
ツの電気力学であることを述べている．かれの考えによれ
ば，マクスウェル理論における付加的な量の混在を整理し
て，すべての観測される現象を包含する簡潔な理論をまとめ
あげたことは，ヘルツの仕事の高く評価すべき点であるが，
それが動力学的アナロジーをまったくかえりみないことは，
物体に随伴するエーテルの仮説とならんで，ヘルツの理論を
不完全なものにしている．そこでローレンツはまず，電磁理
論の動力学的アナロジーをつくりあげることを検討した．元
来ローレンツが近接作用論を遠隔作用論にまさるものと判断
するにいたった理由の１つは，近接作用論では電磁現象が
エーテルの dynamics によって解釈されるということであ

った．かれは，たびたび引用する講演 "電気とエーテル" の
なかで，物理現象を扱うときに重要なことは，運動エネルギ
ーと位置エネルギーとの相互転換をとらえることであると主
張し，これが，遠隔作用論よりもマクスウェルの理論に一日
の長を認める第 1 の理由であると述べている(77)．もう少し
詳しくいえば，マクスウェルの理論では，電磁現象のエネル
ギーがエーテル内の運動エネルギーとポテンシャル・エネル
ギーに帰せられるのに対して，遠隔作用論では，電磁エネル
ギーはけっきょく電気粒子の位置エネルギーに帰着すること
が不満とされたのである．

　マクスウェルは，力学的モデルにおちいらずに電磁場の
dynamical な性格を表現する方法として，電磁場の理論を
ラグランジュ形式によって定式化することを試みた．『電気
磁気論』の Part IV, Chap. V-VIII に述べられた，線状導
体からなる回路の系の動力学的理論がそれである．しかし，
このマクスウェルの定式化では，扱われるのが線状回路とい
う限られた対象であるだけでなく，方程式の独立変数として
はいってくるのが，各回路の電流を表わす量だけである．電
磁場の量は独立変数としてはいってこない．これでは，電磁
場の dynamics がラグランジュ形式に書かれたとはいえな
い．ローレンツが電磁理論の動力学的アナロジーをつくりあ
げようとした目的は，いま述べたようなマクスウェルの欠を
おぎなうことであった．

　まず，質点系の場合のラグランジュ方程式をつぎのような

形に書く. 各質点の座標を x_i, y_i, z_i, 各質点の質量を m_i, 各質点に働く力の成分を X_i, Y_i, Z_i と書くと, 系の運動エネルギー

$$T = \frac{1}{2} \sum m_i (\dot{x}_i^2 + \dot{y}_i^2 + \dot{z}_i^2)$$

を使って, ラグランジュ方程式は

$$\delta A = \frac{d}{dt} \delta' T - \delta T \tag{1}$$

となる. ただし,

$$\delta A \equiv \sum (X_i \delta x_i + Y_i \delta y_i + Z_i \delta z_i),$$

$$\delta' T = \sum \left(\frac{\partial T}{\partial x_i} \delta x_i + \frac{\partial T}{\partial y_i} \delta y_i + \frac{\partial T}{\partial z_i} \delta z_i \right),$$

$$\delta T = \sum m_i \left(\dot{x}_i \frac{d\delta x_i}{dt} + \dot{y}_i \frac{d\delta y_i}{dt} + \dot{z}_i \frac{d\delta z_i}{dt} \right)$$

$$= \sum m_i (\dot{x}_i \delta \dot{x}_i + \dot{y}_i \delta \dot{y}_i + \dot{z}_i \delta \dot{z}_i)$$

である.

　この定式化を電磁現象にアナロジカルに適用するには, まず電磁場の運動エネルギーと解釈できる量を求めなければならない. ローレンツは, 電磁場のなかには一種の運動が存在すると考え, それを電磁的運動 mouvement électro-magnétique とよんだ. そして, この電磁的運動のエネルギーとして, マクスウェルの電磁エネルギー

$$T = \frac{1}{8\pi} \int \boldsymbol{B} \cdot \boldsymbol{H} d\tau \qquad (2)$$

をとる．ここに，磁気力 $\boldsymbol{H}$ と磁気誘導 $\boldsymbol{B}$ の2つのベクトルは，電流（変位電流を含めた広義の）分布から決定されるべきもので，つぎの要請をみたすとする：

1. $$\operatorname{div} \boldsymbol{B} = 0, \qquad (3)$$

2. アンペールの法則の一般化：$\operatorname{rot} \boldsymbol{H} = 4\pi\boldsymbol{C}$, (4)

3. $$\boldsymbol{B} = \mu\boldsymbol{H}. \qquad (5)$$

$\boldsymbol{C} = (u, v, w)$ は広義の電流で，つねに閉じている（以下ではすべて電磁単位系を使っている）．ここで

$$\operatorname{rot} \boldsymbol{A} = \boldsymbol{B}, \qquad \operatorname{div} \boldsymbol{A} = 0 \qquad (6)$$

によってベクトル $\boldsymbol{A} = (F, G, H)$ を導入すると，T の変分は

$$\delta T = \int (F\delta u + G\delta v + H\delta w)d\tau \qquad (7)$$

となる．ラグランジュ方程式(1)を適用するには，独立変数 x として，媒質の各点の電磁的運動を表わす変数をとらなければならない．そこで，(ξ, η, ζ) というベクトルを各点に電磁的運動の "速度" として assign し，これが空間の各点の電流密度 $\boldsymbol{C}$ の線形函数であるとする：

$$\xi = \int (Au + Bv + Cw)d\tau \quad \text{etc.}$$

　仮想的な電流 $(u',\ v',\ w')$ が δt 時間流れたために生ずる仮想変位 $\delta x = \xi'\delta t$ は，$u'\delta t = e_x$ 等において

$$\delta x = \int (Ae_x + Be_y + Ce_z)d\tau \quad \text{etc.}$$

と書かれる．この結果から，電磁場の仮想変位として (e_x, e_y, e_z) をとることができる．うえの定義から，ベクトル (e_x, e_y, e_z) は，各座標軸に垂直な単位面積を単位時間に仮想的に流れる電気の量であるから，電気変位ベクトル $\boldsymbol{D} = (f, g, h)$ の変分とみなすことができる（ここでは独立した荷電粒子はまだ考えていない）．

　(1)式の下の $\delta'T$ と δT の表式を比べると，$\delta'T$ は δT の表式中の $\delta\dot{x}$ を形式的に δx でおきかえたものになっている．これを電磁場の場合にあてはめ，(7)式で δu 等を e_x 等でおきかえると，

$$\frac{d}{dt}\delta'T = \int \left(\frac{\partial F}{\partial t}e_x + \frac{\partial G}{\partial t}e_y + \frac{\partial H}{\partial t}e_z \right)d\tau$$

となる．ただし，ラグランジュ方程式から導かれる結果は変分 e_x 等の時間的変化のようすによらないから，e_x 等は時間的に一定とみなしている．そうすると，δT の表式で $d\delta x/dt$ 等はゼロとみなせるから，

$$\delta T = 0$$

となる. 電荷に働く力を $(-X, -Y, -Z)$ として, δA を

$$\delta A = -\int (X e_x + Y e_y + Z e_z) d\tau \tag{8}$$

と書くと, 電磁場の場合のラグランジュ方程式は

$$\int \left[\left(X + \frac{\partial F}{\partial t} \right) e_x + \left(Y + \frac{\partial G}{\partial t} \right) e_y + \left(Z + \frac{\partial H}{\partial t} \right) e_z \right] d\tau = 0 \tag{9}$$

となる.

　考えている空間を誘電体(エーテルを含めて)が占めているとすると, マクスウェルの描像にしたがえば, 電気粒子が釣り合いの位置から変位したとき, それをもとへもどそうとする力が働く. それがうえに導入した力 $(-X, -Y, -Z)$ である. この力が電気力 $\boldsymbol{E}$ と釣り合ったときに電気変位 $\boldsymbol{D}$ を生ずる. したがって, $\boldsymbol{E} = (X, Y, Z)$ である. さて, 電気変位のためのポテンシャル・エネルギーは, 変位の斉2次式で表わされるであろう. 他方, δA はポテンシャル・エネルギーの変分の符号を反対にしたものに等しい. したがって, (8)式を考慮すると

$$X = \nu_{xx} f + \nu_{xy} g + \nu_{xz} h \quad \text{etc.}$$

が得られる. うえに述べたように, (X, Y, Z) は電気力 $\boldsymbol{E}$ と解釈されるから, これは(物体が等方とすると)

$$\boldsymbol{E} = \frac{1}{K}\boldsymbol{D} \qquad (10)$$

に帰着する．なお，電気変位の定義から

$$\mathrm{div}\,\boldsymbol{D} = 0, \qquad (11)$$

$$\boldsymbol{C} = \frac{\partial \boldsymbol{D}}{\partial t}. \qquad (12)$$

　(9)式にもどって，$\boldsymbol{e} = (e_x, e_y, e_z)$ は環状の細い管のなか
だけでゼロでないとする．$\boldsymbol{e}$ の方向（方向余弦 p, q, r）は管
の方向と一致するとし，管の断面積を ω，長さの要素を ds
と書く．$d\tau = \omega ds$ で，$|e|\omega$ は管の全断面で同じ値をもつか
ら，

$$\int \left[\left(X + \frac{\partial F}{\partial t} \right)p + \left(Y + \frac{\partial G}{\partial t} \right)q + \left(Z + \frac{\partial H}{\partial t} \right)r \right] ds = 0.$$

　座標軸に平行な辺をもつ小さな矩形の管をとると，これか
ら

$$-\mathrm{rot}\,\boldsymbol{E} = \frac{\partial \boldsymbol{B}}{\partial t} \qquad (13)$$

が得られる．

　以上のようにして，ローレンツは，電磁場そのものを動力
学的な系としてラグランジュ形式によって扱うことに成功し
た．もっとも，その方法は，マクスウェルの電気変位の描像
を足場にして，質点系の場合との直訳的アナロジーを進める
ものであり，こんにちのような一般的な場の理論のラグラン

ジュ形式ではない[78]. しかし, ローレンツがこの方法によって, 独立した dynamical system としての電磁場の性格を明瞭につかみだしたことの意義はそのことによって損なわれるものではない.

10 静止エーテルと荷電粒子

ラグランジュ形式の応用は電磁場の dynamical な性格を表現する方法ではあったが, 前節で説明した範囲ではかならずしも, 電磁場が可秤量物質から独立の実在だということを十分前面におしだしていない. それを前面におしだすことになったのが, 光学現象から結論された静止エーテルの仮説であった. ローレンツは 1886 年の論文 "De l'influence du mouvement de la terre sur les phénomènes lumineux"（光学現象に対する地球の運動の影響)[79]でこの問題を論じて, 静止エーテルの仮説を採用すべきであるとの結論に達しており, この点でヘルツの運動物体の電気力学には賛成できなかった.

光の波動理論の立場から光行差の現象を説明しようとしたフレネル[80]は, 光の媒質であるエーテルは空間に絶対的に静止しているという仮説をおき, じっさいに星からの光を観測するにはレンズの系を使うという事情を考慮にいれるために, 運動する透明物体は $1-1/n^2$ の割合でエーテルを随伴すると仮定した. このフレネルの理論は, 1851 年のフィゾー(A. H. L. Fizeau)の見事な実験が随伴係数を証明したこ

とによって大きな成功をおさめたが，他方，静止エーテルは
ありそうもない仮説だと考えたストークスは(81)，地球の近
くのエーテルは地球とともに動くという仮定にもとづいた理
論を述べた．

　ローレンツが上記 1886 年の論文で明らかにしたことの第
1 は，ストークスの理論では，エーテルの運動が速度ポテン
シャルをもつという仮定が本質的であること，にもかかわら
ず，エーテルを非圧縮性とするかぎり，この仮定と，エーテ
ルと地球表面の相対速度がゼロという仮定とは両立しない，
ということであった．この結論にもとづいてローレンツはス
トークスの理論をしりぞけた(82)．つぎにかれは，フレネル
とストークスの中間をゆく理論——速度ポテンシャルを認め
るが，地球とエーテルとの相対速度は有限とし，同時にフレ
ネルの随伴係数を仮定する——を試みて，光学現象に対する
地球の運動の影響を見出そうとしたエアリー(G. B. Airy)，
フーク(M. Hoek)，アラゴ，マスカール(E. Mascart)らの
否定的な実験結果がすべてそれで説明できることをたしか
めた．だが，同じことはすべてフレネルの理論でも可能なの
であり，簡単さの点ではフレネルの理論のほうがまさる．し
かも，エーテルはすべての物体を透過できると考えてよい根
拠が他にもある，とローレンツはいう．かれがあげているの
は，バロメーターの管を傾けて水銀柱がトリチェリの真空部
分を全部ふさぐまでになったとき，はじめそこにあったエー
テルは管壁を透過して出ていったにちがいない，という事例

である．これは，ヘルツが閉じた器からエーテルを排除することができないのは，エーテルが物体の運動と無関係だという仮説に都合がよいと述べている（第8節をみよ）のに通じる．おそらく，これは当時かなり流布していた議論なのであろう．ローレンツは次節で述べる1895年の論文でも同じ事例をあげている．こうしてローレンツは最終的に採用されるべきは静止エーテルの仮説であるとの結論に達した．

　ここで，この問題に対するヘルツとローレンツのアプローチの仕方を対照してみることは興味深い．ヘルツはいまも述べたように，静止エーテルの仮説に都合のよい事実があることを認めている．それにもかかわらず，その事実は固有の電磁現象に属するものでないとしてしりぞけ，光学実験の諸結果を額面どおりに受けいれて随伴エーテルの仮説を採用した．ヘルツは，はじめから取り扱うべき問題の範囲をきちんと定めて，その範囲内だけで議論を進めるのである．そして，その限りではヘルツの理論はきわめて洗練されており，あいまいな点を残さない．けれども，このような行き方は，既成の枠のなかでは威力を発揮するけれども，それをつきやぶる力はもちにくい．それは，かれの実証主義的傾向とあいまって，電磁場の本質的認識まで進むことを妨げたのであった．これに対してローレンツは，いつも議論の範囲を開いている．ヘルツが固有の電磁の現象に属さないとして排除した事例をも積極的にとりあげて，それを電磁理論の根底にすえる．そうやって展開されるローレンツの理論は，必ずしも洗

練されておらず，泥臭いことさえある．しかし，そのような
ローレンツの行き方がかえって，電磁場の本質的な姿を明瞭
に浮かびあがらせたのである．

　エーテルが物質に対して透明で，そのなかを物質がつらぬ
いて進んでも随伴されずに静止の状態でいるという結論は，
エーテルが，単に力学的実体としてとらえられたかぎりの
可秤量物質とは，相互作用をもたないことを意味する[83]．
したがって，ここにおいてはじめて，エーテルははっきり
と力学的物質であることを止めたのである．ローレンツの
静止エーテルは可秤量物質とは独立の non-mechanical な存
在でなければならない．他方，このエーテルは，電磁現象を
担う dynamical system であるから，このことはとりもなお
さず，電磁場が可秤量物質から離れて自立することを意味す
る．したがって，ローレンツの静止エーテルは，もはやそれ
までの力学的な媒質ではなく，自立した電磁場の別名と解釈
されるべきである．

　さて，ローレンツは 1892 年の論文の後半で，うえのよう
なエーテル概念を基礎においたとき，電磁現象に関していか
なる結論が導かれるかを検討する課題をとりあげた．ところ
が，この試みは劈頭からきびしい困難にであう，とローレ
ンツはいう．それは，"エーテルのなかで変位することがで
き，したがって，この媒質をつらぬいて進むことのできる物
体が，同時に電流あるいは誘電現象の座席でもあるというこ
とを，どのように理解したらよいか"[84] という問題である．

これをわれわれの言葉でいいかえれば，いったん切り離した可秤量物質と電磁場とのあいだに，どのようにして，ふたたび連関をつけるかということである．Mechanical な相互作用に関するかぎり，可秤量物質とエーテル＝電磁場とは無縁であるが，電磁現象においては，明らかにこれら２つのあいだに相互作用がある．したがって，ローレンツの提起した問題はこの電的相互作用を可能にするような可秤量物質の属性は何か，という問に等しい．この問に答えるものこそ電子論の観点であった：

　　この困難を解決するために，わたくし［ローレンツ］は可能なかぎり，あらゆる現象をもっとも簡単なただ１つの現象に帰着させようと努めた．その１つの現象とは，帯電した物体の運動にほかならない．……すべての可秤量物体は，正または負の電荷をもつ多数の小粒子を含んでおり，電気現象はこれらの粒子の変位によって生ずると仮定すれば十分である[85]．

　こうして，静止エーテルと荷電粒子からなる可秤量物質という描像をとったことは，荷電粒子はその周囲に電磁場をつくりだし，電磁場は逆に物質の荷電粒子に作用を及ぼすという，物質と場との相互独立性と相互連関を明瞭に浮かびあがらせた：

　　これらの仮説は，……古い電気理論において流布していた金属伝導についての考え方とある程度似通っている．……（しかし，古い理論が作用の瞬間的な伝達を基礎としているのに反して）われわれが得た式は，一方では，帯電粒子の存在およびその運動によってどのような変化がエーテルの中に生ずるかを表わし，他方では，エーテルがそれらの粒子に及ぼす力を教える．この力が他の粒子の運動に依存するとすれば，それはその運動がエーテルの状態を変化させるからである．さらに，ある瞬間における力の値は，同じ瞬間における粒子の速度と加速度によって決まるのではない．それはむしろ，すでに起こってしまった運動に由来するのである[(86)]．

　われわれは，ここにおいてはじめて現代的な電磁場の概念が確立されたのをみることができる．ローレンツは "電磁場" といわずに，いまだに "エーテルの状態" ということばを使っているが，このエーテルはもはや，マクスウェルにおける可秤量物質と同格の誘電物質ではなくて，可秤量物質とは別種の実在である．

　マクスウェルにおいては，電磁現象はすべて導体または誘導物質が担うものとされたために，うえでローレンツが "きびしい困難" とよんだような問題は生じない．しかし，その代りにそこでは，場と可秤量物質という2つの質的に異なる実在が，意識的に明瞭に区別されずに媒質という概念の

なかにあいまいに包みこまれていた．ローレンツは，一方で
は，静止エーテルの仮説をとることによって電磁場を物質か
ら切り離し，他方では，物質が荷電粒子から構成されている
という仮説をおいて，場の湧源としての物質の属性を明らか
にしたのである．マクスウェルの段階では，場の湧源である
電荷の本性を問うことを止めたために，このように，電磁場
の湧源たりうることを物質の属性として規定し，他方で，電
磁場を物質とは独立な実在としてとりだすことが不可能であ
った．

さて，静止エーテルとそのなかを運動する荷電粒子の系と
が，電磁理論の扱うべき物理系として確定されたうえは，荷
電粒子と電磁場の相互作用を規定する式を与えなければなら
ない．そのためにローレンツは2つの仮定を導入した．第1
は，粒子の内部で

$$\mathrm{div}\,\boldsymbol{D} = \rho \tag{1}$$

が成り立つ．ρ は粒子の各点できまった値をもち，電荷密度
とよばれる．第2に，電流 $\boldsymbol{C} = (u, v, w)$ を

$$\boldsymbol{C} = \rho\boldsymbol{v} + \frac{\partial \boldsymbol{D}}{\partial t} \tag{2}$$

でおきかえる．$\boldsymbol{v}$ は粒子の各点の速度である．ローレンツは
この仮定をヘルツから借りてきたといい，その根拠として，
ローランド（H. A. Rowland）の実験および電解質の理論を
あげている．ρ について述べたところから明らかなように，

ローレンツは荷電粒子に拡がりを考えるが，さらにそれを剛体と仮定している．これがローレンツの最初の電子のモデルである．しかし，運動する荷電粒子のつくる電磁場を計算するときには，それを点電荷として近似的に扱っている．リエナール(A. Liénard, 1898)とヴィーヘルト(E. Wiechert, 1900)のポテンシャルはまだここでは求められていないのである．これは1895年の論文でも同様である．

　うえに仮定した(1)式と，(2)式を前節(4)式に代入した

$$\mathrm{rot}\,\boldsymbol{H} = 4\pi\left(\rho\boldsymbol{v} + \frac{\partial\boldsymbol{D}}{\partial t}\right) \qquad (3)$$

とによって電荷のつくりだす電磁場はきまる．つぎに，ラグランジュ方程式によって，電磁場が荷電粒子へ及ぼす力を求めなければならない．1個の粒子に着目し，x方向の変分 δx を考える．条件(1)のために，この変分は $\boldsymbol{D} = (f, g, h)$ の変分

$$\delta f = -\rho\delta x, \quad \delta g = 0, \quad \delta h = 0$$

をともなう．したがって，電磁場が粒子に及ぼす力を $\boldsymbol{F} = (X, Y, Z)$ とすると，仮想仕事は

$$\delta A = -X\delta x + 4\nu c^2\delta x \int \rho f d\tau$$

である．ただし，右辺の第2項は系のポテンシャル・エネルギー

$$4\pi c^2 \int \boldsymbol{D}^2 d\tau$$

の変分である. $\delta' T$ は，前節の $e_x = u' dt$ 等の代りに，(2) によって $\rho \delta x + \delta f$ 等をとり，いま考えている変分の値 $\delta f = -\rho \delta x$ を代入すればゼロになる. つぎに (2) 式から $\boldsymbol{C}$ の各成分の変化をとると，

$$\delta u = \left\{ -\frac{\partial(\rho v_x)}{\partial x} + \left(v_x \frac{\partial \rho}{\partial x} + v_y \frac{\partial \rho}{\partial y} + v_z \frac{\partial \rho}{\partial z} \right) \right\} \delta x,$$

$$\delta v = -\frac{\partial(\rho v_y)}{\partial x} \delta x,$$

$$\delta w = -\frac{\partial(\rho v_z)}{\partial x} \delta x.$$

これらの値を前節 (7) 式に代入して，部分積分によって変形すると，

$$\delta T = \delta x \int \rho(v_y B_z - v_z B_y) d\tau$$

となる. このとき，剛体の運動では $\mathrm{div}\,\boldsymbol{v} = 0$ であることを使う. 以上の δA, $\delta' T$, δT の値をラグランジュ方程式 (前節 (1) 式) に代入すれば，力 X が得られる. y 方向，z 方向についても同様にして，いわゆるローレンツ力

$$\boldsymbol{F} = 4\pi c^2 \int \rho \boldsymbol{D} d\tau + \int \rho[\boldsymbol{v} \times \boldsymbol{B}] d\tau \qquad (4)$$

が得られる. 以上の (1)–(4) 式に前節で求めた

$$-4\pi c^2 \operatorname{rot} \boldsymbol{D} = \frac{\partial \boldsymbol{B}}{\partial t} \tag{5}$$

を加えて，電磁理論の基礎方程式は全部そろった．

　こうして得た(1)–(5)式の応用として，ローレンツはまずクーロンの法則，電流の流れている導体に働く力，電磁誘導の法則など従来の理論で知られていた結果が再現されることを確認し，ついで，こんにちの教科書でふつうに採用されている[87]，誘電体中の分子に働く有効場を計算する方法でローレンツ–ローレンスの公式を導いた．このときはじめて，着目する分子のまわりに球形の空間を考えて，その内外からの作用を別々に考えるという方法がとられ，空洞表面に生ずる分極電荷からの力として，いわゆるローレンツ局所場 $\dfrac{4\pi c^2}{3}\boldsymbol{P}$ が導入されたのである[88]．

　つぎにローレンツは，誘電体内部，すなわち，多数の荷電粒子が存在しているエーテルのなかでの電磁波の伝播を扱う．まず双極子の振動によって放射される電磁波を求め，つぎにそのような系のなかで各荷電粒子に働く力を計算する．そのさい，はじめて自己場の反作用が算出されている[89]．これらをもとにして，誘電体の各点の分極ベクトル $\boldsymbol{P}$ の変化が横波として伝播することを示す方程式が得られる．そこで，$\boldsymbol{P}$ として平面波の形を仮定すれば，その伝播の速さと $\boldsymbol{C}$ との比，すなわち誘電体の屈折率がきまる．その結果は分散を与え，またローレンツ–ローレンスの公式を再現する

ことができた.

11 運動物体内の電磁現象

前節の終りに述べた諸結果は,従来知られていた結果の再現であって,とくにローレンツの新理論のみがもたらしうる成果であるとはいえない.電子論の真価は,それを運動物体内の電磁現象に適用したときにはじめて示された.しかしまた同時に,運動物体内の電磁現象の理論の限界をも浮きあがらせるものであった.

運動物体内の電磁現象の理論の第1の成功はフレネルの随伴係数を理論的に導きだしたことである.1892年の "La théorie électromagnétique……" の最後の章で,すべての粒子が共通の並進運動をしているような系の各点の分極ベクトルの変化が伝わる方程式を求め,その伝播速度がちょうど随伴係数 $1-1/n^2$ に合致することを示したのである.その3年後にモノグラフとして出版された『運動物体中の電気的・光学的現象の理論の研究』(*Versuch einer Theorie der electrischen und optischen Erscheinungen in bewegten Körpern*, Leiden, 1895)[90]〔以下,*Versuch*〕では,近似がもう1段進められて,

$$1 - \frac{1}{n^2} - \frac{1}{n}\lambda\frac{dn}{d\lambda}$$

という値が見出された.この成功は,フレネルの仮説のいちじるしい難点をも一挙に解消した.フレネルにおいては,エ

ーテルがじっさいに物体にひきずられる割合を表わすのが
随伴係数だとされていたから，それが屈折率に依存すること
は，光の波長によってエーテルのひきずられる割合が異なる
という不条理な結論に導く．トムソン(J. J. Thomson)はマ
クスウェルの方程式を直接適用することによってこの困難
を解決しようとしたが[91]，かれが得た値は物質の種類によ
らずつねに 1/2 であった．これは実験に合わない．J. J. ト
ムソンの試みが成功しなかったのは，微視的観点を導入し
なかったことに原因がある．ヘルツの運動物体の電気力学で
は，この問題は扱われていない．これらに対してローレンツ
の理論では，随伴係数はエーテルの現実の随伴を表わすので
なく，運動する荷電粒子による 2 次的な効果を表わすから，
フレネルやトムソンの難点はすべて除かれる．ローレンツは
自分の理論の利点をつぎのように述べている．

　　　なお注意したいことは，われわれの理論によれば n
　　　としてそれぞれの光の屈折率をとりさえすれば，(158)
　　　式の値 $(= 1/n^2)$ はあらゆる種類の一様な光に適用でき
　　　るということである[92]．

　1895 年の *Versuch* は，そこで個々の運動物体内の電磁現
象が論じられたというばかりでなく，基礎的な概念の発展の
面からみても重要な意義をもっている．その第 1 は，1892
年の論文で確立された，自立した物理的実在としての電磁場

の概念が，はじめてそれにふさわしい表現形式を与えられた
ことである．電磁場と荷電粒子に関する基本的な観点は，も
ちろん 1892 年の論文に与えられている．しかし，*Versuch*
では，ベクトル解析の記号と方法とが全面的に使用され，
前節(1)–(5)式ははじめから基礎方程式として要請される．
1892 年の論文で，それをラグランジュ形式で導くときに行
なったような力学的描像への依りかかりは，ここでは姿を
ひそめている．一言にしていえば，過渡的なもの，非本質的
なものをいっさい払いおとして，現代的な表現に到達してい
る．これらの点に注目するならば，電子論の確立の時期には
幅をもたせて，1892〜5 年とするのが妥当であろう．

　Versuch の第 2 の意義は，巨視的なマクスウェル方程式
の原子論的基礎づけを与えたことである．ローレンツはま
ず，誘電体内の荷電粒子 e の釣り合いの位置からの変位ベ
クトルを r としたとき，小体積 V についての平均

$$P = \frac{1}{V} \sum er \qquad (1)$$

を単位体積あたりの電気モーメントと定義する．そして

$$D = \bar{d} + P \qquad (2)$$

という量を定義すると，これはマクスウェルの電気変位に相
当する．ただし，$\bar{d}$ は電場の強さ d（前節の(1)–(5)式では
D と書かれていた．なお，この基礎方程式はエーテルに対
するものであるから，そこでの B は H に一致する）のうえ

と同じ小空間にわたっての平均値である．静止した荷電粒子に働く力を eE と書けば，この E の同様の平均値 $\bar{E}$ と D のあいだには

$$K\bar{E} = 4\pi c^2 D, \qquad (3)$$

ただし　$K = 1 + 4\rho c^2 \chi$　（χ：感受率）

という関係が成り立つことが示される．電子論の出発点となる微視的方程式に平均操作をほどこし，いま得た諸関係を使えば，ただちに巨視的なマクスウェル方程式が得られる．ローレンツはここでは磁性体は考えにいれていないが，同様の取り扱いが適用できることはいうまでもない．以上のローレンツの平均操作はのちに精密化の余地を残すものであったが[93]，電磁現象の微視的把握から巨視的把握への媒介の基本的道筋を示したことの意義は大きい．ローレンツがこれをなしえたことは，かれが統計力学に深い関心をもち，この方面でも重要な寄与を行なったことと無関係ではあるまい．

　Versuch で展開された運動物体内の電磁現象の理論において基本的に重要なのは，電磁理論のローレンツ不変性が部分的に見出されたことである．しかしながら，あとでみるように，ローレンツは19世紀的物理学の枠にしばられて，その真の意義を感じとることができなかった．

　運動物体が一様な速度 v をもつ場合を考える．電子論の基礎方程式はもともと静止エーテルに固定した座標で成立する．この基礎方程式に対して，運動物体に固定した座標系

(x', y', z') へのガリレイ変換をほどこす. 考えている粒子系
(運動物体) S_1 に, 同じ粒子からなるが, 全体として x 方向
に $1/\sqrt{1-v^2/c^2}$ 倍に引きのばされた, エーテルに対して動
かない系 S_2 を対応させる. いいかえると, S_2 をつくる粒
子の静止座標系における座標を x_2, y_2, z_2 とすれば, 対応す
る S_1 の粒子の座標 x_1, y_1, z_1 と

$$x_1 = x_2\sqrt{1-v^2/c^2}, \qquad y_1 = y_2, \qquad z_1 = z_2 \qquad (4)$$

という関係がある. S_1 と S_2 の各粒子に働く電気力 $\boldsymbol{E}_1$, $\boldsymbol{E}_2$
を求めてみると, それらのあいだに

$$E_{1x} = E_{2x}, \qquad E_{1y} = \sqrt{1-v^2/c^2}E_{2y},$$
$$E_{1z} = \sqrt{1-v^2/c^2}E_{2z} \qquad (5)$$

という関係が成立する. これは, $\boldsymbol{E}_1$ と $\boldsymbol{E}_2$ が, それぞれ x_1,
$y_1, z_1; x_2, y_2, z_2$ を独立変数とする同じ形の方程式を満足す
ることを意味している. したがって, 静電気学に関するかぎ
り, 運動物体内でも静止物体内と同様の法則が成立すること
になる. ただし, v/c の2次以上の効果を考慮しないという
近似においてである.

こんどは, 同様の議論を巨視的マクスウェル方程式に拡張
するために, つぎのような変数を導入する:

$$t' = t - \frac{1}{c^2}\boldsymbol{v}\boldsymbol{r}',$$

$$\boldsymbol{r}':運動座標系での位置ベクトル, \qquad (6)$$

$$\boldsymbol{H}' = \boldsymbol{H} - 4\pi[\boldsymbol{v}\boldsymbol{D}], \tag{7}$$

$$\boldsymbol{D}' = \boldsymbol{D} + \frac{1}{4\pi c^2}[\boldsymbol{v}\boldsymbol{H}]. \tag{8}$$

(6)で定義される t' は，すでに 1892 年の論文でも使われていたが，そこでは単に式の変形の便宜上のものとしかみられていない．*Versuch* ではじめてその役割が注目され，とくに "局所時間" Ortzeit と名づけられた：

> 変数 t' は，考える点の位置によってそれぞれ異なる特定の瞬間から計った時間とみなすことができ，したがって，一般的な時間 t に対して，この変数を局所時間とよぶことができる[94].

以上に定義された $\boldsymbol{D}'$, $\boldsymbol{H}'$, $\boldsymbol{E}'\left(= \dfrac{4\pi c^2}{K}\boldsymbol{D}'\right)$ を運動座標 x', y', z' および局所時間 t' の函数とみなして，それらのみたす方程式を求めると，v/c の2次以上を無視する近似で，巨視的マクスウェル方程式と同じものになる．したがって，

> ある静止している物体の系において x, y, z および t のある函数
>
> $$\boldsymbol{D}, \quad \boldsymbol{E}, \quad \boldsymbol{H}$$

で表わされるような運動状態が存在するとすれば，同じ系が速度 v で運動するとき，そのなかには x', y', z' および t' のうえと同じ函数である

$$D', \quad E', \quad H'$$

で表わされる運動状態が存在することができる[95].

　ローレンツはこれら2つの状態を "対応状態" korrespondierend Zustände とよんだ．

　以上に説明したローレンツの結果は，v/c の1次までの近似におけるローレンツ共変性を表わすものにほかならない．したがって，エーテルと地球の相対運動を見出すために行なわれた実験の否定的結果は，それが v/c の1次の効果であるかぎり，うえの結果からただちに説明することができた．しかし，ローレンツはそのような成功を収めながら，理論の共変性を認識する方向へは向かわなかった．そこに19世紀的物理学者としてのローレンツの限界があった．その限界は，短縮仮説*を解釈しようとするときに，いっそう明白になる．

　　*編者注：固体の大きさは，それがエーテル中を動くとき v^2/c^2 の程度のわずかな変化を受ける，という仮説．今日でいうローレンツ収縮のこと．

　運動物体内の電磁現象についての当時の最大の理論的課題

は，いうまでもなく，v/c の 2 次の効果が見出されないこと
を証明したマイケルソン–モーリーの実験の説明であった．
この実験が最初に行なわれたのは 1881 年であるから[96]，
1886 年にローレンツがフレネルとストークスの光行差の理
論の比較検討を行なったときには，静止エーテル仮説にとっ
て都合の悪いこの結果をかれは知っていた．それにもかかわ
らず，ローレンツが静止エーテルの仮説を採用したのは，マ
イケルソンの実験の精度に疑問をもったためである．かれは
マイケルソンの計算の誤りを指摘して，真の時間のずれはマ
イケルソンの期待した値の半分であるから，マイケルソンの
実験はたしかな結論をくだすには精度不足と判定したのであ
る[97]．しかし，1887 年にくり返された実験[98] は，それよ
りはるかに高い精度をもち，しかもやはり否定的結果を与え
た．それでは，静止エーテルの仮説を捨ててストークスの理
論にもどるべきであろうか．

　ローレンツはけっきょく静止エーテルの仮説を捨てなかっ
たが，かれがそうしたのには 2 つの理由があった．1 つは，
かれの見出したストークスの理論の難点は致命的なものと思
われたことである．ローレンツは

　　　この理論が光行差を説明するときにでくわす困難はあ
　　まりに大きいので，フレネルの理論とマイケルソンの結
　　果のあいだの矛盾を除去しようとは試みずに，ストーク
　　スの理論が正しいという意見に与することはできそうに

ないと思われた[99].

と述べている．理由の第2は，静止エーテルの仮説にもと
づく理論の成功である．とくに1892年の "La théorie
électromagnétique……" でフレネルの随伴係数を電子論か
ら導くことに成功したことが，いっそう静止エーテル仮説
への信頼を高め，問題の解決をよりするどく迫ったようであ
る．はじめて短縮仮説を提出した論文のなかのつぎのような
ローレンツのことばがこのことを示している[100]．かれは，
フレネル理論がいくたの点でストークス理論よりまさること
を強調したうえで，つぎのように書いている．

　　（随伴係数）に対して，最近わたくしは光の電磁理論か
　　らその表現を導いた．しかし，マイケルソンの干渉実験
　　によって深刻な困難がひき起こされた……この実験はな
　　がいあいだわたくしを悩ませてきたが，ついにこの結果
　　とフレネル理論とを調和させる唯一の方法を考えつくこ
　　とができた．

　ローレンツの短縮仮説は，1892年11月26日にアムステ
ルダムの王立科学アカデミーに提出されている．その少し
前の9月にローレンツは，"La théorie électromagnétique
……" で得た結果を拡張してドップラー効果などを論じた小
報告[101]をアカデミーに提出している．そして，この9月

から 11 月までのあいだに，Versuch に述べられた，2 つの対応する粒子系で働く電気力のあいだの関係(5)式が見出されたらしい．というのは，ローレンツは短縮仮説を正当化するために，この関係を利用しているからである．すなわち，かれは短縮仮説を提出した報告で，$1:1-v^2/2c^2$ の割合で短縮が起これば[(102)] マイケルソン-モーリーの結果と静止エーテル仮説とは両立することを述べたのち，そのような短縮はじっさい起こりうると考えられることを，つぎのように説明している．物体の形と大きさをきめるものは分子間力であるが，この分子間力も電気力，磁気力と同じくエーテルに媒介されると考えてよいであろう．そうすると，静止した物体と，同じ分子からなる短縮した運動物体とのそれぞれの内部で働く分子間力のあいだにも，(5)式と同じ関係が成立するはずである．したがって，ある物体が分子の釣り合いの状態にあれば，それが運動したときにも，$1:1-v^2/2c^2$ の割合の短縮が起こるならば，分子はやはり釣り合いの状態を保つであろう．これは，ちょうどマイケルソン-モーリーの結果を説明するのに必要なだけ，運動物体が短縮することを意味する．

　これは，たしかに巧妙な解釈であり，このような解釈がついたればこそローレンツは短縮仮説を自信をもって提出することができたのであろう．しかし，このような解釈が成功したことはかえって，19 世紀的物理学の枠組への信頼を高めることによって，その後のローレンツの研究を制約するこ

とになった．ここで19世紀的物理学の枠組というのは，カント(I. Kant)によって定式化された時間，空間，因果性等のカテゴリーに基礎をおく理論構成のことである．ローレンツの電子論は，電磁場という新しい物理的実体を明確にとりだし，それをそのように構成された理論的認識のもとにおいた．これは，物理学に新しい展望を開く大きな成果であったといわねばならない．しかし，ローレンツの電子論がその自己完結的な発展のなかでマイケルソン-モーリーの実験その他の問題を処理しようとしたとき，この理論構成のもつ制約があらわとなってくる．

　こんにちのわれわれには，短縮仮説とさきの(4)式とをみくらべれば，ローレンツ変換の考えがすぐにも得られそうに思われるが，ローレンツ自身はそういう方向に向かわなかった．1895年の *Versuch* 以後，ローレンツは自分の理論を改善するためにしつような努力を行ない，ついに1904年には，内容的には特殊相対論と等しい理論にまで到達したが[103]，そのときでもかれは，時間の相対性の認識をもたず，短縮仮説を力学的に解釈しようとすることに変りなかった．これは，相対論が生まれて4年後の1909年に出版された『電子論』〔論文末に文献追加〕においても同様である．このように，電子論の自己完結的な発展のなかでは，時間・空間概念の根本的再検討はついに行なわれなかった．理論のよって立つ枠組への徹底的な反省は，電子論においていちおう完成された電磁場の理論をあらためて力学理論と対決させて

みたときに，はじめて行なわれる．アインシュタインはまさ
に，力学の基礎についてのマッハ（E. Mach）の批判的検討を
媒介としてこの課題を遂行して，相対性理論に到達したので
あった[104]．

12　結　　論

　マクスウェルにおいては，電磁場はつねに力学的媒質に担
われるものとして把握されていた．電磁理論の発展のうえで
のローレンツ電子論の意義が，電磁場を物質から切り離して
独立の物理的実体としたことにあることは以前から指摘され
ている．本論文では，電子論の成立過程を追求することによ
って，電磁場の可秤量物質からの独立が何を契機として，ど
のように達成されたかを明らかにしようとした．

　ローレンツは1875年の学位論文で，光の電磁説によって
弾性波動論の困難が解決されることを示して，マクスウェル
の理論がまさるとの結論を下した．この論文でローレンツは
遠隔作用論の立場をとっている．これは一見矛盾であるが，
当時マクスウェルの理論はきわめて難解なものとされ，人々
はヘルムホルツによるマクスウェル理論の遠隔作用論的解釈
をとおしてマクスウェルを理解していたという歴史的事情に
よって説明される．

　初期のローレンツの遠隔作用論的立場を，電磁理論の発展
にとっての制約的な要因とのみ考えることは正しくない．そ
れは本論文において明らかにしたように，可秤量物質から独

立した物理的実体としての電磁場の認識が確立されるにあたって，ローレンツが大陸派電気力学から受けついだ荷電粒子の概念が本質的な意味をもったからである．歴史を捨象して純物理的に考えると，マクスウェル理論に直接原子論的立場を結びつければ，電子論ができあがり，したがって現代的な電磁場の概念も確立されるということができよう．しかし，科学の発展の歴史は弁証法的である．ファラデーからマクスウェルへと引きつがれた近接作用論は，大陸派電気力学の否定的媒介をへて現代的な "電磁場" の理論に発展したのであった．

なお電子論は，微視的な荷電粒子が実験的に見出されたのちに，それを電磁理論のなかにくみいれるという形でつくりあげられたのではないことも注意に値する．アレーニウス（S. Arrhenius）の電離説（1888），ギーゼ（W. Giese, 1882），シュスター（A. Schuster, 1884），エルスター（J. Elster）とガイテル（H. Geitel, 1888）の気体の電気伝導の研究など，1880 年代の物理学および化学の進歩は実験的に，物質の構成要素としての独立の荷電粒子の存在を，ほとんど確定的に明らかにし，ローレンツものちには，これを電子論の根拠として引用している．しかし，荷電粒子を電磁現象の 2 つの主要構成要素の一方におくという描像は，これらの発展以前の 1870 年代に，大陸派電気力学の影響下に形成されたのである．

ローレンツが初期の遠隔作用論的立場から近接作用論の立

場へ移行したのは，1880年代の後半と推定できる．その契機としては，ヘルツ，ポアンカレらの業績が考えられる．

近接作用論に移行したことは，そのすこし前に，地球とエーテルの相対運動による光学現象の理論的検討にもとづいてフレネルの静止エーテル仮説を採用したことと結びついて，1890年代はじめに，独立の物理的実体としての電磁場の認識をもたらした．こうして物質粒子はその電荷という属性のためにまわりの電磁場の状態を変化させ，逆に電磁場は電荷をもつ物質粒子に作用を及ぼすという，電磁現象についての現代的な表象が確立された．

ローレンツの電子論が以上のような成功をおさめたことの根拠は，単にマクスウェルの理論の自己運動的な展開をはかるのでなく，むしろそれにとって異質的なものを積極的にくみいれていったことに求めることができる．これをもっと一般的にいえば，対立物の止揚による認識の自己否定的な発展ということができるであろう．誘電媒質の属性としてとらえられていた電磁場から実体としての電磁場への発展が，ローレンツをとおして大陸派電気力学に否定的に媒介されたこと，また，連続な電磁場の本性が，可秤量物質の原子的構造を理論のなかにとりいれることによって解明されたことなどは，まさにそのような認識発展の特質を表わしている．

ファラデー–マクスウェルの近接作用論から現代的な電磁場の理論への発展が，マクスウェルの直接の後継者によってなされずに，本論文で述べたような歴史的経緯をへてローレ

102

ンツの電子論によってなされたことは，以上のような考察に
よれば，理論の自己完結性が一般に科学の発展にとって危険
な傾向であることを示すものであるということができる．こ
のことは，できあがったのちのローレンツの電子論について
も例外ではなかった．

　ローレンツは電子論によって運動物体内の現象を論じ，フ
レネルの随伴係数の導出をはじめ多くの成果をおさめた．そ
して，そこで見出された部分的なローレンツ共変性にもとづ
いて短縮仮説を導入し，マイケルソン–モーリーの実験結果
を説明した．しかし，かれは，自分の見出したローレンツ共
変性が，時空概念の変更にまで導くような “共変性” をあら
わしていることをついに認識するにいたらず，内容的には特
殊相対論と同じ理論にまで到達しながら，問題の立てかたの
逆転による相対論の建設をアインシュタインにゆずらねば
ならなかった．これは短縮仮説の力学的解釈にみられるよう
な，電子論それ自体のなかでの自己完結的な問題の処理の仕
方が，認識の新たなる段階への発展を妨げたものにほかなら
ない．アインシュタインは理論の自己完結性を排して，電磁
場理論の基礎を力学理論と対決させることによって，時空概
念の変革にもとづく相対性理論に到達したのであった．

　本論文をまとめるにあたって，高林武彦，井上健両先生か
ら多くの貴重な示唆と批判をいただいたことに感謝する．石
蔵甚平，辻哲夫両氏には，文献に関してお世話になったこと

についてお礼を申しあげる．また板倉聖宣氏をはじめ，科学
史学会関東支部例会で討論してくださった方々にも感謝した
い．

Appendix：ローレンツ–ローレンス公式の導出（ローレ
ンツ，1878 年）

　無限に拡がったエーテルのなかにただ 1 個の分子がある
場合を考える．この分子が時間的に変化する電気双極子モ
ーメント $\boldsymbol{m}(t)$ をもてば，それによってエーテル中に誘起さ
れる分極 $\boldsymbol{P}(\boldsymbol{r}, t)$ は，第 4 節の基礎方程式によって計算され
る．こうやってエーテル中に生じた分極状態のために，各
点で動電力が働く．まずその静的な部分を考えると，それは
体密度 div $\boldsymbol{d}$ および面密度 $-\boldsymbol{P}_n$ の自由電荷による静電気力
に等しい．前者は 0 であるからけっきょく動電力は，分子
のおかれているエーテルの穴の内壁に生ずる面電荷 $-\boldsymbol{P}_n$ に
よるものだけである．全体の動電力には，そのほかにベクト
ル・ポテンシャルからの寄与が含まれる（$\boldsymbol{m}(t)$ が時間的に
変化するから）．それらを計算して加え合わせると，エーテ
ルの各点に働く動電力は，分子の位置にある

$$\left.\begin{array}{ll} \text{モーメント} & a\left(\dfrac{8\pi}{3}+\dfrac{1}{\chi_0}\right)\boldsymbol{m}, \\[3mm] \text{電 流 要 素} & a\dfrac{8\pi}{3}\dfrac{d\boldsymbol{m}}{dt} \end{array}\right\} \quad (1)$$

がつくるポテンシャルから導かれるものに等しい．

他方，分子のおかれているエーテルの穴の内壁の面電荷によって内部に動電力が働く．それは

$$a \frac{8\pi}{3} \frac{\boldsymbol{m}}{\rho^3} \qquad (2)$$

で与えられる．ρ は穴の半径である．なおこれらの計算では，つねに ρ が非常に小さいことを利用して近似をとる．

エーテル中に多数の分子が分布しているときには，うえの結果を加え合わせるだけでは不十分である．他の分子の存在する穴が各所にあるから，その影響を考慮にいれなければならない．結果だけを書けば，分子を含む1個の穴がエーテル内の各点に誘起する電気的状態は，その穴のなかにおかれた，

$$\left.\begin{array}{ll} \text{モーメント} & a\left(\dfrac{8\pi}{3}+\dfrac{1}{\chi_0}\right)\boldsymbol{m}+\dfrac{4\pi}{3}\rho^3\boldsymbol{P'}, \\[2ex] \text{電 流 要 素} & a\dfrac{8\pi}{3}\dfrac{d\boldsymbol{m}}{dt}+\dfrac{4\pi}{3}\rho^3\dfrac{d\boldsymbol{P'}}{dt} \end{array}\right\} \qquad (3)$$

が誘起するものに等しい．これらの式の最後の項が他の分子が存在することの影響を表わしている．$\boldsymbol{P'}$ は，考えている穴の位置に他の分子からの作用によって生ずる分極である．ところで考えている穴のなかの分子は，元来 $\boldsymbol{m}(t)$ というモーメントと $d\boldsymbol{m}/dt$ という電流要素とをもっているのだから

$$a\left(\frac{8\pi}{3}+\frac{1}{\chi_0}\right)\boldsymbol{m}+\frac{4\pi}{3}\rho^4\boldsymbol{P'}=\boldsymbol{m}, \qquad (\alpha)$$

$$a \frac{8\pi}{3} \frac{d\boldsymbol{m}}{dt} + \frac{4\pi}{3} \rho^3 \frac{d\boldsymbol{P'}}{dt} = \frac{d\boldsymbol{m}}{dt} \qquad (\beta)$$

でなければならない. また, 考えている穴の内部で働く外部的原因による動電力 $\boldsymbol{E'}$ は

$$\boldsymbol{E'} = a \frac{8\pi}{3} \frac{\boldsymbol{m}}{\rho^3} + \frac{\boldsymbol{P'}}{\chi_0} + \frac{4\pi}{3} \boldsymbol{P'}$$

と計算される. 分子のモーメントはこの $\boldsymbol{E'}$ に比例する: $\boldsymbol{m} = \alpha\boldsymbol{E'}$. したがって

$$\alpha \left[a \frac{8\pi}{3} \frac{\boldsymbol{m}}{\rho^3} + \frac{\boldsymbol{P'}}{\chi_0} + \frac{4\pi}{3} \boldsymbol{P'} \right] = \boldsymbol{m}. \qquad (\gamma)$$

最後に $\boldsymbol{P'}$ を求める. このとき, 分子のモーメント $\boldsymbol{m}$ は連続に分布しているとみなして, 各分子からの寄与の和をとるときに積分でおきかえる. また, 全体としてみた可秤量な誘電体のなかでは, $\boldsymbol{m}$ の時間的・空間的変化は,

$$\Delta\boldsymbol{m} = \frac{1}{V^2} \frac{\partial^2 \boldsymbol{m}}{\partial t^2}, \qquad \mathrm{div}\,\boldsymbol{m} = 0 \qquad (4)$$

にしたがう(伝播速度は自由エーテルに対する V_0 でなく V である)ということを, 式の変形に利用する. 結果は

$$\boldsymbol{P'} = \frac{4\pi}{3} pa \frac{n^2+2}{n^2-1} (\boldsymbol{m})_M \qquad (5)$$

となる. $(\boldsymbol{m})_M$ は着目する分子 M の位置における値を表わす. p は単位体積中の分子の数, $n = V_0/V$ である.

　この $\boldsymbol{P'}$ の値を (α), (β), (γ) に代入すると, 3個の未知数 a, α, n に対して3つの方程式がえられるから, 問題は完

全にとける. (α), (β)に(5)を代入して a を消去すると,

$$\frac{n^2-1}{(n^2+2)d} = \frac{32\pi^2\rho^3\chi_0\left(1-\dfrac{4\pi}{3}\right)}{9m\left(\dfrac{8\pi}{3}-1\right)\left(1+\dfrac{8\pi}{3}\chi_0\right)} \quad (6)$$

が得られる. ただし $d=m/p$ は誘電体の密度である(m は分子の質量).

注と文献

(1) 高林武彦, 『自然』1949 年 6 月号, 7 月号, 9 月号, 10 月号, 1950 年 1 月号, 3 月号, 7 月号, 12 月号.

(2) Pais, *Developments in the Theory of the Electron* (Princeton, 1948).

(3) アインシュタインは, 1920 年にライデン大学の員外教授に迎えられたときの就任講演で, マクスウェルやヘルツにおいては, 電磁場を担うエーテルは可秤量物質と本質的に変らないものであったが, ローレンツがはじめてエーテルから力学的な質(Qualität)をうばい, 可秤量物質からは電荷以外の電気的な質をうばうことによって, マクスウェル以後もっとも重要な進歩を電磁理論にもたらしたと語っている. また相対論との関係について "マクスウェル-ローレンツの電磁場の理論は特殊相対論の時空理論や運動学のモデルとして役立った" と述べている: Einstein, *Aether und Relativitätstheorie* (Berlin, 1920), pp. 5-7. また P. A. Schilpp (ed.), *Albert Einstein—Philosopher-Scientist* (New York, 1951) に収められた Einstein, "Autobiographisches" をみよ. とくに p. 34.

(4) Whittaker, *A History of the Theories of Aether and*

Electricity, I (London, 1951), p. 393.

(5)　Ehrenfest, *Collected Scientific Papers* (Amsterdam, 1959), pp. 471-478. これはたぶん，1923 年にローレンツがライデン大学の員外教授を退いたときの記念講演である．この文献を御教示くださった高林教授にあつく感謝する．

(6)　高林，『自然』1949 年 9 月号，pp. 43 および 44.

(7)　Lorentz, *The Theory of Electrons* (Leipzig, 1909; 2nd printing 1916).

(8)　この節の前半は，広重，『科学史研究』No. 52 (1959)，pp. 1-8 の要約である．

(9)　Maxwell, "Ether" in *Encyclopaedia Britannica*, 9th ed. (1879); *Scientific Papers of J. C. Maxwell*, vol. 2, pp. 763-775.

(10)　G. L. de Haas-Lorentz (ed.), *H. A. Lorentz—Impressions of His Life and Work* (Amsterdam, 1957), pp. 27, 28, 31, 32.

(11)　Gibson and Barklay, *Phil. Trans.*, **161**, 573 (1871).

(12)　マクスウェルは，理論値と実験値(3 つのスペクトル線についての測定値から，波長 ∞ に対する屈折率を推定したもの)のくい違いが誤差の範囲をこえることを認め，物質の構造についての理論をもっと改良する必要があると述べている．(Maxwell, *A Treatise on Electricity and Magnetism* (Oxford, 1873), Part IV, Chapter XX, §§787-789). この仕事こそローレンツの 1878 年の論文において遂行されたものであった．

(13)　Boltzmann, *Pogg. Ann.*, **151**, 482, **153**, 525 (1874).

(14)　Boltzmann, *Pogg. Ann.*, **155**, 403 (1875).

(15) Fresnel, *Mem. de l'Acad.*, **11**, 393 (1832. アカデミーに提出されたのは 1823 年).

(16) Lord Kelvin, *Baltimore Lectures* (London, 1904), p. 339.

(17) Navier, *Mem. de l'Acad.*, **7**, 375 (1827).

(18) Poisson, *Mem. de l'Acad.*, **8**, 623 (1828).

(19) Cauchy, *Exercices de mathematique*, **3**, 160 (1828).

(20) Stokes, *Trans. Camb. Phil. Soc.*, **98**, 287 (1854).

(21) F. E. Neumann, *Abhandl. Berl. Akad.*, Jahre 1835, Math. Kl., p. 1.

(22) Green, *Trans. Camb. Phil. Soc.*, **7**, 1, 113 (1838).

(23) このグリーンの仕事はほとんど世に知られなかった．W. トムソンは 1845 年頃からグリーンの業績を高く買って，それを広めることに努めたが（Whittaker, 注(4), p. 154)，その影響はイギリス以外にまで及ばなかったらしく，ローレンツはその論文でグリーンを引用せず，縦波を考慮にいれるべきことはコシーがはじめて指摘したと書いている．

(24) Cauchy, *Comptes rendus*, **9**, 676, 726 (1839).

(25) Lorentz, *Collected Papers*, vol. 1, pp. 1-192. なお，この巻には全文のフランス語訳を併録している．

(26) Lorentz, *ibid.*, p. 29.

(27) Lorentz, *ibid.*, p. 30.

(28) Helmholtz, *Crelles Journal*, **72**, 57 (1870); *Wissenschaftliche Abhandlungen*, Bd. 1, p. 545.

(29) Ehrenfest, 注(5), p. 472.

(30) De Haas-Lorentz. 注(10). p. 32.

(31) Hertz, *Gesammelte Werke von H. Hertz*, Bd. 2, p. 22.

(32)　Pupin, *From Immigrant to Inventor* (New York, 1923), p. 235.

(33)　Weber, *Leipzig Abhandl.*, 1846, p. 209; *Elektrodynamische Maasbestimmungen* (Leipzig, 1852), pp. 211-378.

(34)　Kirchhoff, *Pogg. Ann.*, **102**, 529 (1857).

(35)　F. E. Neumann, *Abhandl. Berl. Akad.*, Jahre 1845, 1847. なお, 広重・恒藤・辻, 『科学史研究』 No. 41 (1957), p. 19 をみよ.

(36)　Helmholtz, 注(28); *Wiss. Abhandl.*, Bd. 1, p. 558.

(37)　L. ローゼンフェルトは, 光の振動と電磁波の同一性の認識が確立される歴史的過程について興味深い論文 "The Velocity of Light and the Evolution of Electrodynamics" において, うえのようなヘルムホルツの理論を批判して, "このようなマクスウェル理論へのアプローチはまったくその精神にそわないだけでなく, その特質をぼやかしかねない" もので, ヘルムホルツはマクスウェルの諸概念に "圧制を加えることによって, それらの微妙な調和を完全にスポイルした" と述べている: Rosenfeld, *Nuovo Cimento*, **4**, Suppl. Nr. 5 (1956), とくに p. 35. ヘルムホルツ理論の内容そのものに関するかぎり, まさにこの痛烈な批判のとおりである. しかし, 電磁気理論の発展のうえでそれがどのような歴史的役割を果たしたかということについては, また別の角度からの評価があってよい. じっさい本文で述べたように, ヘルムホルツの歴史的役割は電磁気学史において見過すことのできないものである.

(38)　Lorentz, 注(25), *Collected Papers*, vol. 1, p. 2.

(39)　ここでは, 次節で述べるローレンツの 1878 年の論文

での表現にしたがって記す.

(40)　ローレンツが1878年の論文で行なったように，このことの根拠として，1876年にヘルムホルツの示唆のもとに行なわれたローランド(H. A. Rowland)の実験を採用することができる：Rowland, *Pogg. Ann.*, **158**, 487 (1876).

(41)　$D=E+4\pi P, B=H+4\pi M$ として(9)を使う.

(42)　Brewster, *Phil. Trans.*, **120**, 287 (1830).

(43)　Cauchy, *Comptes rendus*, **7**, 953.

(44)　Lorentz, *Versl. Kon. Akad. Wet. Amsterdam*, **18**, 1 (1878); *Collected Papers*, vol. 2, pp. 1-119.

(45)　Lorentz, 注(25), *Collected Papers*, vol. 1, p. 87.

(46)　*Ibid.*, pp. 88-89.

(47)　Lorentz, 注(44), *Collected Papers*, vol. 2, p. 57.
　　この公式はすでに1869年に，デンマークのローレンス(L. V. Lorenz)が弾性波動論から理論的に導くと同時に，みずからの測定によって確認していたが，ローレンツはそれを知らなかった. ローレンツの仕事が広く知られるのは1880年にそれが *Poggendorfs Annalen* に発表されてからである; L. Lorenz, *Vid. Selsk. Skr.*(5), **8**, 205 (1869); *Pogg. Ann.*, **11**, 70 (1880). なお, M. Pihl, *Der Physiker L. V. Lorenz. Eine kritische Untersuchung* (København, 1939), とくに pp. 53-74 をみよ.

(48)　Lorentz, 注(44), *Collected Papers*, vol. 2, pp. 79-80.

(49)　Lord Kelvin, 注(16), *Baltimore Lectures*, pp. 101-102.

(50)　Lorentz, *Collected Papers*, vol. 9, pp. 1-25.

(51)　*Ibid.*, p. 2.

(52)　*Ibid.*, pp. 3-4.

(53)　恒藤敏彦，『科学史研究』No. 44 (1957)，p. 1.

(54)　最近，粒子間の直達作用による電気力学の建設をもくろんだホイーラー(J. A. Wheeler)とファインマン(R. P. Feynman)は，場という考えは，電荷が連続な実体として扱われていた時期に発展させられたものであることを注意して，19世紀の前半において電荷の原子性が認識されていたとしたら人々が場の概念へ導かれたかどうかは疑問だと述べている：Wheeler and Feynman, *Rev. Mod. Phys.*, **21**, 425 (1945).

(55)　Fechner, *Pogg. Ann.*, **64**, 337 (1845).

(56)　Helmholtz, 注(28), *Wiss. Abhandl.*, Bd. 1, p. 552.

(57)　Lorentz, 注(44), *Collected Papers*, vol. 2, p. 1.

(58)　Lorentz, *Verhandelingen*, **3**, 40 (1891); *Collected Papers*, vol. 9, pp. 89-101, とくに p. 100.

(59)　Lorentz, 注(44), *Collected Papers*, vol. 2, p. 91.

(60)　Lorentz, *Versl. Kon. Akad. Wet. Amsterdam*, **17**, 144 (1882); *Collected Papers*, vol. 2, pp. 120-135.

(61)　Lorentz, *Versl. Kon. Akad. Wet. Amsterdam*, **19**, 217 (1883); *Collected Papers*, vol. 2, pp. 136-163.

(62)　Poincaré, *Électricité et optique* (Nouveau triage, Paris, 1954), pp. 19-20.
　　　ヘルツも，1891年に出版された自分の論文集への解説的序論で，ヘルムホルツの理論とマクスウェル理論の特徴的な差異として，これと同じ問題を論じている：Hertz, 注(31), *Gesammelte Werke*, Bd. 2, pp. 24-28.

(63)　Maxwell, *Phil. Trans.*, **155**, 459 (1865); 注(12), *A Treatise on Electricity and Magnetism*, Part IV, Chap. VIII-IX.

(64)　マクスウェルはこれらの式をすべて，各成分に分けて書いている。

112

(65) Maxwell, 注(12), *A Treatise on Electricity and Magnetsim*, Part IV, Chap. XX, §783.

(66) Lodge, *Advancing Science* (London, 1931), pp. 133–137.

(67) Heaviside, *The Electricians*, Jan. 3, 24, Feb. 21, March 14, May 15 (1885); *Electrical Papers* (London, 1892), vol. 1, p. 429ff.

(68) Hertz, *Wied. Ann.*, **40**, 577 (1890); *Gesammelte Werke*, Bd. 2, pp. 208–255.

(69) Hertz, *Gesammelte Werke*, Bd. 2, pp. 208–209.

(70) Rosenfeld, 注(37), p. 37.

(71) Hertz, 注(68), *Gesammelte Werke*, Bd. 2, p. 210.

(72) Hertz, *Wied. Ann.*, **41**, 369 (1890); *Gesammelte Werke*, Bd. 2, pp. 256–285.

(73) Hertz, *ibid.*; *Gesammelte Werke*, Bd. 2, p. 257.

(74) Larmor, *Aether and Matter* (Cambridge, 1900), Chapter IV.

(75) Rosenfeld, 注(37).

(76) Lorentz, *Arch. néerl.*, **25**, 363 (1892); *Collected Papers*, vol. 2, pp. 164–343.

(77) Lorentz, 注(58), *Collected Papers*, vol. 9, p. 94.

(78) 電磁場理論の完全なラグランジュ形式は, Schwarzschild, *Gött. Nach.* (1903), p. 125 によって最初に与えられた（Whittaker, 注(4), p. 369 による）.

(79) Lorentz, *Versl. Kon. Akad. Wet. Amsterdam*, **2**, 297 (1886); *Collected Papers*, vol. 4, pp. 153–214.

(80) Fresnel, *Ann. de chim. et de phys.*, **8**, 57 (1818).

(81) Stokes, *Phil. Mag.*, **27**, 6 (1845).

(82) のちにプランク（M. Planck）が, エーテルの圧縮を許すならばこの困難はさけられることを示唆したが, ローレ

ンツは観測と合わせるには極端に大きな圧縮比（$\sim e^{11}$）を
とらねばならないことを示し，この可能性をしりぞけた：
Lorentz, *Versl. Kon. Akad. Wet. Amsterdam*, **7**, 523
(1899); *Collected Papers*, vol. 4, pp. 245–251.

(83)　のちにみるようにローレンツは，フレネルの随伴係
数もエーテルの現実の随伴を意味するものではなく，2次
的な効果を表わすにすぎないことを示した．

(84)　Lorentz, 注(76), *Collected Papers*, vol. 2, p. 228.

(85)　*Ibid.*

(86)　Lorentz, 注(76), *Collected Papers*, vol. 2, p. 229.

(87)　たとえば C. Kittel, *Introduction to Solid State
Physics*, 2nd ed. (New York, 1956), pp. 157–163.

(88)　Lorentz, 注(76), *Collected Papers*, vol. 2,
pp. 256–267, とくに p. 262.

(89)　Lorentz, 注(76), *Collected Papers*, vol. 2, p. 319.

(90)　Lorentz, *Versuch einer Theorie*; *Collected Papers*,
vol. 5, pp. 1–138.

(91)　J. J. Thomson, *Proc. Cambr. Phil. Soc.*, **5**, 280
(1885).

(92)　Lorentz, 注(76), *Collected Papers*, vol. 2, p. 319.

(93)　Rosenfeld, *Theory of Electrons* (Amsterdam,
1951), Chap. 2. また P. Mazur and B. R. A. Nijboer,
Physica, **19**, 971 (1953).

(94)　Lorentz, *Versuch einer Theorie*; *Collected Papers*,
vol. 5, p. 50.

(95)　*Ibid.*, p. 84.

(96)　Michelson, *Amer. Journ. Sc.*, **22**, 120 (1881).

(97)　Lorentz, 注(79), *Collected Papers*, vol. 4, p. 214.

(98)　Michelson and Morley, *Amer. Journ. Sc.*, **34**, 333
(1887).

(99) Lorentz, 注 (90), *Collected Papers*, vol. 5, pp. 120–121.

(100) Lorentz, *Versl. Kon. Akad. Wet. Amsterdam*, **1**, 74 (1892); *Collected Papers*, vol. 4, pp. 219–223 (引用文は pp. 219 および 221).

(101) Lorentz, *Versl. Kon. Akad. Wet. Amsterdam*, **1**, 28 (1892); *Collected Papers*, vol. 4, pp. 215–218.

(102) ここでは，はじめから1次近似の表式で話を進めている．*Versuch* ではじめて $\sqrt{1-v^2/c^2}$ という表現が使われている．

(103) Lorentz, *Proc. Acad. Sc. Amsterdam*, **6**, 809 (1904); *Collected Papers*, vol. 5, pp. 172–215.

(104) 広重，「特殊相対性理論成立の要因」『科学史研究』No. 55 (1960)，pp. 14–20.

〔編者追加〕H. A. Lorentz, *The Theory of Electrons and Its Applications to the Phenomena of Light and Radiant Heat. A Course of Lectures Delivered in Columbia University, New York, in March and April 1906.* Teubner, Leipzig, 1909.（広重徹訳『ローレンツ 電子論』東海大学出版会，1973 年：1916 年刊の第2版の訳）

初出：『科学史研究』No. 61 (1962)，9–19;

No. 62 (1962)，59–74.

19世紀のエーテル問題

1 序 論

　相対性理論を19世紀をとおしてのエーテル問題の追求のなかから生まれたものとして描きだすことはラウエ(M. von Laue)による相対論の最初の教科書[1] 以来ひとつの伝統となっている．なお，ここ，および以下で "エーテル問題" とよぶのは光および電磁作用の媒体としてのエーテルに対する地球の相対運動が光および電磁現象に与える影響についての理論的・実験的探究のことである．

　最近の書物から任意に2, 3の例をあげよう．メラー(C. Møller)はその教科書を "絶対空間に対する実験装置の運動が効いてくるような効果を検出しようという目的で行なわれた，多くの光学実験について簡単な歴史的概観"[2] から始めている．彼はいう：マクスウェル(J. C. Maxwell)やその時代の人々の間では "エーテルは絶対系を意味し，これがニュートン(I. Newton)の絶対空間の概念に実体的な物理的意味を与えるものであると考えられていた"[3]．ところが，"地球の運動が力学的，光学的，電磁的な諸現象に及ぼす影

響を見出そうとする試みがすべて失敗したことから，相対性原理があらゆる現象に対して成り立っているという確信が物理学者たちの間に起こってきた"[4]．専門的教科書と半通俗的な書物のギャップを埋めることを目的としたロッサー（W. G. V. Rosser）の書物では[5]，"特殊相対性理論がいかにして古典電磁気学から生まれ出たかを示すため"の歴史的序論として，光行差やフィゾー（A. H. L. Fizeau），フーク（M. Hoek），エアリー（G. B. Airy），マイケルソン–モーリー（A. A. Michelson-E. W. Morley）らの実験の詳しい説明が与えてある．

　しかし，このようなやり方が現実の歴史を正しく反映しているとすれば，相対性理論はローレンツ（H. A. Lorentz）とポアンカレ（H. Poincaré）によって創られたという，あれほど多くの非難をあびたホイッタカー（E. Whittaker）の主張[6]をわれわれは容認しなければならないことになろう．なぜならローレンツ（1904）およびポアンカレ（1905）の理論は，19世紀以来のエーテル問題に対して1つの全般的な解決を与えているからである[7]．エーテル問題の解決が相対性理論であるならば，その解決を与えているローレンツ–ポアンカレの理論はたしかに相対性理論とよばれるに値する．

　他方，アインシュタイン（A. Einstein）の1905年の達成と，エーテル問題の歴史において最も重要な実験とされるマイケルソン–モーリー実験との関連が近年何人かの著者によって検討され，両者の間に直接の関連はなかったと推定さ

れるに至った．アインシュタイン自身がいくつかの機会に，
1905 年にはマイケルソン-モーリーの実験は念頭になかっ
たと発言している[8]．ホルトン（G. Holton）は文書的資料に
もとづく詳しい研究を行ない，"絶対的に確実とはいえない
が，きわめて確度の高い"結論として次のように述べた[9]：

　　……アインシュタイン理論の誕生におけるマイケルソ
　ン実験の役割はごく小さく，間接的なものだったように
　みえる．この実験がまったく行なわれなかったとしても
　アインシュタインの仕事にはなんの変わりもなかった，
　と想像できるくらいである．たしかに，彼の理論が広く
　受け容れられるのは遅れたであろう．しかし，ローレン
　ツの研究を読むことによって 1905 年のアインシュタイ
　ンは，他の '不成功に終った，光媒質に相対的な地球の
　運動を見出す企て' や，当時行なわれていた理論のロー
　レンツみずから言うところの '不細工さ' の証拠を十分
　に知っていた．

　このような議論は，以下で明らかにするような 19 世紀エ
ーテル問題の実態と相まって，相対論の誕生についての伝統
的・常識的な図式が変更されるべきであることを示唆する．
私はすでに 2, 3 の機会にエーテル問題の本来の性格につい
ての暫定的な見通しにもとづいて，相対論誕生の歴史的契機
はエーテル問題の発展線上以外のところに求めるべきではな

いか，と提唱してきた[10]．しかし，このような見解は多く
の人々，ことに物理学者のいだく先入見にまっこうから対立
する．それは，エーテル問題の解決をめざして相対性理論が
提出されたという解釈が通俗的な科学哲学によく適合するう
えに，エーテル問題の追求は絶対基準系の探求であったと信
じられているからである．たとえば，立教大学理論物理学研
究室の長崎正幸は，私の見解は，アインシュタインの 1905
年の議論が "絶対静止の概念の否定から展開され……エーテ
ルこそは絶対静止の概念に深い関係で結ばれていた" ことを
無視する "とり上げるに値しないほどいいかげんなもの" で
あると非難した[11]．ここでいわれているのはいうまでもな
く相対性理論において否定されるような意味での絶対静止の
概念であるが，その絶対静止とエーテルとが深い関係で結ば
れていたのは，長崎によれば，"ニュートン力学の現象の範
囲では絶対静止を知ることはできない．ところが，光波の媒
質であるエーテルが宇宙に満ちていることになって，光の現
象によれば絶対空間に対する速さがわかるはずだということ
に"[12] なったからである．だがはたしてそうであろうか？

　私が問題としているのは，歴史的にみてエーテルは，相対
論が否定した意味での絶対静止系であると実際にみなされ
ていたのかどうか，ということである．エーテル問題の追求
は，現実の歴史において，絶対基準系の探求という意味をに
なっていたのであろうか？　この問に対する答が "然り" な
らば，特殊相対論をエーテル問題からの歴史的帰結としてえ

がきだす習慣は正当化される．答が "否" ならば，相対性理論誕生の契機をエーテル問題のみに求めることは正しくない．しかし，その答はじっさいの歴史の分析によってのみ得られる．長崎がやっているように，物理学的推論によって勝手に答は "然り" だと決めこむことは，ここではなんの意味もない．

　以下で行なうのは，相対論の起原に新しく光をあてるための前提として，19 世紀のエーテル問題の元来の目標・性格はなんであったかを検討することである．したがって，それは，エーテル問題の事実的経過の網羅的記述を意図するものではない[13]．

2　光行差と光の波動論の正当性

　エーテル問題の歴史はふつう，星の光行差の理論，および星からの光の示す屈折が地球の運動によって影響されないというアラゴ（D. F. J. Arago）の実験から説き起こされる．そのような説明を書き，あるいは聞くとき，われわれは知らず知らずのうちに，それらの探求がエーテルの存在を証明したり，絶対基準系を確立したりするという問題意識のもとに行なわれたかのように思いこみがちである．しかしそれは，相対性理論をすでに知ってしまったわれわれの先入見を過去に投影するものでしかない．エーテル問題の最初の局面では，人々の関心はそういうことでなく，光の本性についての論争とこれらの現象との関連に向けられていたのである．

1810 年のアラゴの実験は[14]，当時のフランスで支配的
であった光の放射説(粒子論)の立場から企てられた．波動論
では，波の伝播速度は媒質の性質のみによって決まり，した
がって，光源のいかんを問わず(媒質に対して)一定の値をも
つ．他方，放射説では，一般的にいって光速は粒子の放射さ
れるさいの初速度に，したがって，光源の状態に依存する．
レーメル(O. Rømer)，ブラッドリー(J. Bradley)による光
速の天文学的決定は "それがどんな距離にわたっても一定で
ある" ことを示したが，"さまざまの大きさの天体は異なる
速度で光を放射するだろう" と想像する天文学者も少なくな
かった[15]．この推測を検証するには，天体からの光の速度
を高い精度で求めねばならない．天体からの光の屈折を調べ
るというのは，そのための方法として提唱された実験だった
のである．何人かの著者はまた，そのような実験は惑星や太
陽系全体の運動を調べる方法をも与えるだろうと指摘してい
た．アラゴはこの問題の "解決は光の真の本性についていく
つかのデータを提供するに違いない" と考え，"地球の並進
運動から生ずる光速の差を検出することに努めた"[16]．彼
が地球の軌道運動に目をつけたのは，絶対基準系に対する地
球の速度を決定しようというような意図によるのでない．そ
れは，地球の "運動は太陽系全体の運動と合わさって十分大
きな[光速の]不等を生みだすことができる"[17] と考えられ
たからであった．

　アラゴは子午環儀の前にプリズムをとりつけ，地球に近づ

きつつある星と遠ざかりつつある星からの光のプリズムによる屈曲を測定した. この実験は両方の光の屈折の間に何の差も与えなかった. この結果からアラゴのひき出した結論は, しかし, “地球の運動を見出すことはできない” というものではなかった. 彼は次のように結論したのである：1. 光は星からさまざまの速度で放射される, 2. それらの光線のうち, ある限界内の速度をもつもののみが人間の眼に見える[18]. 科学者がその研究からひき出す結論は, 彼がどのような意図・目的のもとに研究を行なったかを映し出すものである. アラゴの結論は, 彼が放射説における光の本性に関する問題を解決することを目指していたことを示している.

このアラゴの実験と光行差とを, 静止エーテルおよび随伴係数の仮説にもとづいて説明しようとしたフレネル（A. Fresnel）の理論は[19], 波動論がこれらの実験事実と両立可能かどうかを検討するようにというアラゴの勧告に応えて提出された. それが提出されたのは, フレネルが回折理論を全面的に展開したアカデミー懸賞論文を書きあげたのと同じ 1818 年である. 横波説を彼が公刊するのはその 3 年後の 1821 年である. 波動論による回折の説明の最初のスケッチを述べ, それがきっかけでアラゴの好意的な激励・援助を受けるようになったのは 1815 年である. 1818 年という年には, まだまだ放射説が支配的であり, この年の懸賞論文の主題として回折理論を選んだパリ科学アカデミーの主流は, それが放射説の波動論に対する新たな勝利の機会となるものと

期待したのだった[20]. そういう状況であったから，フレネ
ルの念願は光行差やアラゴの実験の説明において波動論が放
射説にまさることを示すことにあった．彼はアラゴの上記の
結論にふれて，光速の不等と限定された可視性という "仮説
の必要は放射説の小さからぬ困難の 1 つである"[21] と述べ
ている．

　波動論受容のための experimentum crucis〔決定的実験〕
といわれる透明物体中の光速の測定[22] は 1850 年まで行な
われず，したがって，光の波動論は 1840 年代になってもま
だ最終的勝利をおさめたとはいえなかった．光行差あるいは
アラゴの実験の説明が波動論が正当かどうかという観点から
論じられるという状況は 40 年代になお存続していた．1842
年にドップラー（C. Doppler）は縦波の伝播のメカニズムを
考察することによって彼の名でよばれる効果を導いたが，そ
のとき彼は光の横波説を斥けて，横波説の前提は，光行差
の説明の困難からも分かるように "大きな innere Unwahr-
scheinlichkeit〔内的非確実性〕を含むようにみえる" と述べ
ている[23]. もちろん，ここでドップラーが疑っているのは
光が横波だということであって，光の波動性一般ではない．
しかし，フレネル理論には強い不信を表明しているのであ
る．彼はその翌年の論文で，フレネル理論への批判をさらに
詳しく述べた[24].

　ドップラーは当時までに唱えられた波動論による光行差
の説明を 4 種類に分け，おのおのについて難点を指摘した．

彼のいう4種類の説明は，われわれからみればどれも同じ運動学的原理にもとづいている．しかしドップラーは，その原理の適用される運動の物理的な違いによって，それらの説明を異種のものとみなしたのである．彼のいう4種の説明とは：1. 移動する車上からみると雨が斜めに降るようにみえる現象とのアナロジー．2. 望遠鏡の中での光の進路の考察から鏡筒を傾けなければならないことを示す方法．ドップラーはこれを純運動学的(phoronomisch)とよんでいる．3. 地球の速度と光の速度の合成による説明．4. 星からの光を網膜の中央にあてるためには眼球を前方へやや回転させねばならないというハーシェル(W. Herschel)の説明．さて，ドップラーのいうところによれば，第2の説明が成り立つためには(他の説明も同様のはずであるが)，エーテルが太陽系に対して位置を変えないことが必要である．ところがそのためには，フレネルが仮定したように，地球がエーテルを抵抗なしに透過しうることが必要である．しかし，そのような仮定は到底保持しがたい．とくにそれは，地球および地上の物体が光に対して不透明であることと両立しない．他の説明についてもそれぞれ難点を指摘したうえでドップラーは，横波説がどんなに多くの事実を説明しても，かくも簡単な現象ひとつと明白に矛盾する以上それは正しいはずがない，と結論したのである(25)．

　ストークス(G. G. Stokes)が彼の光行差理論(26)を唱えたときにフレネル理論に加えた批判も，ドップラー同様，エー

テルが自由に地球を透過しうるという仮説の物理的不条理さに向けられていた．しかし，ドップラーと違ってストークスは光の横波説を信じていた．彼の光行差理論は，光の横波説を確立するための彼の努力の一環であった．

　ストークスの理論は，エーテルは地球にひきずられて動き，地表面ではエーテルと地球の間に相対速度がないこと，および，エーテルの運動は速度ポテンシャルをもつこと，の2つを前提としている．このような流体力学的なアプローチは，流体力学の理論家として経歴を始めたストークスにとって自然なものであった．彼は，光行差理論をケンブリッジ哲学協会に提出する4週間前の1845年4月14日に，同じ場所で，粘性流体および弾性体の運動方程式に関する長い論文を発表している[27]．その最後の部分で彼は，ズレ弾性が小さく塑性の大きな固体と粘性の大きな流体とは連続的に移行し合うだろうという想像を述べ，光の波長がきわめて小さいから，エーテル粒子の振動による変位も小さいと予想されることを考慮すれば，エーテルは流体であっても光の横波動を伝えることができるだろうと主張した[28]．この議論は明らかに，エーテルが物体の運動に対して抵抗を示さない一方で，光の横波の媒質としては固体的な弾性をもたねばならないという矛盾をどう解くかという，当時の光の波動論にとって緊急の問題に向けられている．ストークスが上のように粘性流体へ関心を向けるようになった機縁は，1842〜43年に，振子をふらせると錘りの周囲の空気も一緒に動かされる

らしいというサウス(James South)の実験を教えられ，流体が固体の運動に随伴されるという着想をいだいたことであった．この実験はまた当然，光行差理論における随伴エーテルの仮説をも示唆したであろう[29]．ところで，エーテルが物体の運動に随伴するためには，エーテルの部分相互間に切線方向の応力が働かねばならない．そのような応力は同時にズレ弾性をひき起こし，横波の伝播を可能にするであろう．このように，光行差の合理的な説明を与えるとストークスに思われたエーテルのモデルは，同時に光の波動論の深刻な困難を解消するものでもあった．すぐ下でみるように，ストークス自身このことをはっきり自覚していた．

　ストークスはその後も何度か，彼の光行差理論の要求をみたしうるエーテルはどのような物理的性質をもたねばならないかを論じた[30]．その直接のきっかけとなったのは，チャリス(J. Challis)が彼の光行差理論に加えた批判であった[31]．チャリスの批判に反論してストークスは次のように論じた：非圧縮性流体の安定な運動で，速度ポテンシャルをもつものはない．しかし，流体が内部摩擦をもてば，速度ポテンシャルの存在という条件をみたしうる．そしてそのような流体エーテルは，先の論文で示したように，きわめて小さな振動に対して弾性固体的な性質を示し，ふつうの物体の前進的運動に対しては通常の流体のようにふるまう．こうして，"光行差という天文現象が横振動の理論を支持する論拠を提供する"[32]．このストークスの言葉は，光行差の問題

が光の横波理論を確立する努力の関連でとらえられていたことを明瞭に示している.

3　光の伝播理論——天文学的関心

　下にかかげる図は Royal Society of London 編の *Catalogue of Scientific Papers* の索引[33] で，光行差および運動媒質中の光の伝播の2つの項目に分類されている論文数の5年ごとの推移を示したものである．もちろん，この数字は絶対的に厳密なものでなく，大勢をうかがわせる程度の意味しかない．しかし，エーテル問題の議論が1850年代から60年代にかけてやや下火となり，1870年前後にふたたび活発になるという傾向は明らかである．もちろんこの下

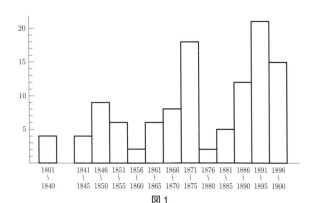

図 1

火の時期にも，注目すべき研究は絶無ではなかった．とくに
1851 年のフィゾーによるフレネルの随伴係数の検証[34]は，
その後のエーテル問題の議論の要め石の 1 つとなるもので
あった．フィゾーはまた 1859 年に固体についてフレネル係
数を検証する目的で，偏光が屈折されるときに生ずる偏光面
の変化が，光線の地球運動に対する向きによって違うかどう
かを調べた[35]．偏光面の変化は屈折率に依存するので，こ
の変化から逆に屈折率，したがって物体中の光速が求められ
るだろうという見通しであった．実験の結果，予想された値
が見出されたとフィゾーは報告した．ただし，この実験は後
年，多くの人から十分に確実でないとみられた．1862 年に
はバビネ（J. Babinet）が理論的に，回折による明暗編は運動
の影響によって位置を変えるだろうと予測した[36]．彼は，
この効果の測定によって太陽系の全体としての移動速度が求
められれば，太陽系の並進運動による変位を基線とする三角
測量によって恒星の距離を決定することができるだろうと述
べている．ここではエーテル問題が天文学上の課題との関連
で論じられているのである．*Comptes rendus* にのったバビ
ネの論文は「天文学」という見出しのもとに置かれている．
そして，1870 年をはさんで盛んになったエーテル問題の論
議の底流をなしていたのも，同様に天文学的な関心だったの
である．

　19 世紀中葉から後半にかけての天文学を代表する成果の
1 つはいくつもの厖大な星表の刊行である[37]．18 世紀のブ

ラッドリーの観測結果をまとめた星表をベッセル(F. W. Bessel)が刊行したのは1818年である．その後ベッセル自身も観測を続け(1821～33年)，それは彼の没後(1846年～)刊行された．有名なアルゲランダー(F. W. A. Argelander)のBonn掃天星表の刊行は1859～62年，それを南天の一部にまで拡げたシェーンフェルト(E. Schönfeld)の表は1875～85年に刊行された．これらの表の作成のためには，観測値にさまざまの補正を加えねばならない．大気による屈折の効果はすでにニュートン以来詳しく論じられていた．光行差はもう1つの補正すべき効果であり，その大きさの精密な決定は天文学の重要な課題であった．位置天文学にとっての基礎的な定数の1つは太陽視差，いいかえれば地球の軌道半径であるが，19世紀の半ば以後，光行差はこの定数との関連でも注目されるようになった．というのは，1849年のフィゾーの実験以来，地上での光速測定が可能となったため(それまでは，光速は光行差から求められた)，そうして得られた光速と光行差とから逆に地球の速度を求めれば，それから軌道半径が計算されるからである．

19世紀に新たに登場した補正因子は太陽系の全体としての運動である．1718年にハリー(E. Halley)がはじめて恒星の固有運動を指摘したのち，1748年にブラッドリーは，恒星の見かけの位置の変化は星の固有運動のほかに太陽系全体の運動にも由来する可能性があると述べた．そのあとライト(Thomas Wright)，マイヤー(Tobias Mayer)らの賛否

両論を経て，1783 年ハーシェルはそれまでの恒星の固有運
動に関するデータを解析して，太陽系はヘラクレス座 λ 星
へ向かって並進運動していると結論した．ハーシェルはその
後 1805 年，1806 年と 2 度にわたって太陽系の向かう先を
訂正した．しかし彼の議論は多くの仮定（とくに星までの距
離について）にもとづいており，直ちに人々を納得させるも
のでなかった．ビオ（J. B. Biot）（1812）もベッセル（1818）
も太陽系の並進運動を否定した．アルゲランダーがはじめて
ハーシェルを肯定したのは 1837 年，シュトルーヴェ（Otto
Struve）らによって太陽系の運動とその向かう先がほぼ確定
されるのは 19 世紀なかばであった．

　このようにして，地球の軌道運動に加えて，太陽系の固有
運動までを天文学的観測のさいに考慮しなければならなくな
ったことは，光学理論に対して新しい課題——観測者が運動
するだけでなく，光源・観測者・媒質の三者相互の間に運動
が存在するときの，光の伝播の仕方を明らかにすること——
を提起することになった．ところが 19 世紀の 50, 60 年代
にはまだ，光の伝播の一般理論ができていなかった．今から
みれば，問題はホイヘンス（Ch. Huygens）の原理を数学的
に展開することだけであったともいえよう．しかし，光の波
動説そのものがやっと 19 世紀なかばに確立されたことを考
えれば，伝播の一般理論がまだ存在しなかったとしてもふし
ぎはない．それはむしろ天文学的課題に促されて 60～70 年
代に開発され始めるのである．当時の光の伝播理論の未熟さ

は，1865〜66 年に光源の運動の屈折への影響を論じたゲッチンゲンの天文台長クリンケルフェス(W. Klinkerfues)(38)の到達した奇妙な結論からもうかがうことができる．彼は，運動する光源から発せられた光は波長が変わらないまま色は変化する，と結論したのである．彼は次のように推論した．

　光源から波状の攪乱が四方に拡がってゆくと，空間の各点のエーテルの粒子は衝撃を受けて振動を始める．この粒子の振動の位相が次々と粒子に伝わって行く速度(クリンケルフェスは位相速度とよぶ)は，光源が静止している限り，波状の攪乱の伝わる速度(伝播速度とよぶ)と一致する．光源が運動すれば，エーテル粒子の位相の変化の割合が速く，あるいは遅くなる．ところで，色は一定時間内に視神経がゆり動かされる数，したがって，エーテル粒子の位相の変化する速さによって決まるから，光源の運動によって色は変化する．他方，伝播速度は媒質そのものによって決まるから光源の運動によって変化せず，したがって，同一位相にあるエーテル粒子の空間的間隔は変わらない，すなわち，波長は変化しない．クリンケルフェスは，このような光源の運動の効果を考慮にいれると，フレネル係数を仮定しなくても反射・屈折の法則が地球の運動によらないことが説明できると論じた．しかし，屈折角そのものは運動によって変化するだろうと彼は推論し，その検出を試みた．結果は否定的であったが，彼はその後も屈折角の運動による変化の追求を続けた．また，筒に水を満たした望遠鏡で観測すれば光行差定数が変化すると

予測して，みずから実験を行なった[39]．結果は否定的で，クリンケルフェスは静止エーテルの仮説に疑いを向けた．

　クリンケルフェスが扱ったような問題は，本来，ホイヘンスの原理にもとづいて純 kinematical〔運動学的〕に論ずることができたはずである．しかし彼はそのことを認識せず，dynamical に，つまり光の伝播の物理的メカニズムを論ずることによって伝播の法則を導こうとした．そのような試みに足をすくわれて，彼はエーテルの各点の振動の位相の伝播と光の攪乱の拡がりとを別のものとして扱い，ドップラー効果の奇妙な解釈に導かれたのである．しかし，そのような未熟さはクリンケルフェスだけのものでなかった．彼の理論は共感をもって迎えられ，多くの研究をはげましさえしたのである．少し先で述べる G. B. エアリーの水望遠鏡の実験は直接クリンケルフェスの研究に刺激されて行なわれた．1871〜73 年にケッテラー（E. Ketteler）が一連の論文[40]において，光学現象への天文学的運動の影響を理論的に検討したのも，この話題をよんでいるクリンケルフェスの理論の誤りを正そうという意図からであった．彼は，"……クリンケルフェスの諸結論はすでにたびたび共感をよび起こしているので，その理論的見解の解明が望ましいと思われる"[41] と述べている．

　ケッテラーは，ホイヘンスの原理によって反射・屈折・回折・干渉を論じ，これらが天文学的運動によって影響されないことを示した．しかし，クリンケルフェスのドップラー効

果の理論を論駁する個所ではケッテラーもマッハ（E. Mach）の提案した波の伝播メカニズムのモデル(42) を使って議論を進めている．そのモデルというのは，互いに鋼鉄の針金の輪で結合された金属円筒の無限に長いつながりであるが，彼は直観的なやり方で波状の運動 wellenförmige Bewegung を論ずるためにこのモデルを使うと述べている(43)．こんにちわれわれが読むと，彼の議論はかえって繁雑できわめて見通しが悪い．それがケッテラーには直観的でわかりやすいと思われたのは，それが力学的自然観のもとでの思考法に沿っているからに違いない．それに加えて，波動伝播の一般論が当時まだ存在していなかったことが，ケッテラーをそのような考察法に向かわせたのであろう．じっさいケッテラーは，反射・屈折等のいちいちの現象の個々の場合について，そのたびに波面あるいは射線の構成を具体的に論ずることによってのみ，上記の結論を得ることができたのである．

　個別の場合の検討でなく一般的なやり方で，2 次以上の効果を省略する限り天文学的運動の光学現象への影響は表に現われないことをはじめて示したのはヴェルトマン（W. Veltmann）であった(44)．彼は自分の理論が一般性をめざすものであることを強調して，次のように言っている：“［私の理論は］与えられた場合だけでなく，すべての可能な場合を含み，したがって事実上すべてを論じ尽くしている”(45)．“……人々はこれまでこの仮説［フレネルの随伴係数］を個々の特別の場合の解明に利用したにすぎない……．フレネルの

仮説の本質について明快な理解は得られていないし，天文学者が光行差を補正するさいのやり方の一般的な基礎づけもない”[46]．また，ヴェルトマンが光のエーテルに対する伝播と物体に対する伝播とを区別して[47]，前者を“絶対運動”，後者を“相対運動”と名づけていることも注目される．しかし同時に，彼はエーテル自体が運動する可能性を認め，空間そのものに対する光の伝播を“現実の[wirklich]運動”とよんでいる．もっとも，実際に考察するのは前2者だけである．このヴェルトマンの命名が興味深いのは，エーテルはけっしてニュートンの意味での絶対空間と同一化されていないことをそれが示しているからである．彼の“現実の運動”という命名が示すように，それに対する運動のみがwirklichであるような空間そのものをヴェルトマンは信じている．しかし，その“空間”はエーテルとは独立であって，エーテルは“空間”に対して運動しているかもしれないのである．

　ヴェルトマンの一般的証明の大筋は次のとおりである．速度vで共通の並進運動をしているいくつかの透明物体からなる系のなかでの光の伝播を考える．1点から出た光が反射・屈折をこうむりながら，多辺形の経路を描いて元の点にもどるとする．各辺の長さをs_i，その辺上での光の物体に対する相対速度をw_iとすれば，光が多辺形の全経路を行くのに要する時間は$\sum s_i/w_i$である．物体が静止しているときの，その内部での光速をc_i，エーテルの物体に対する相対速度をu_iとすると，

$$w_i = c_i + u_i \cos \varphi_i$$

である．φ_i は辺 i と系の並進運動の方向の間の角度．フレネルの仮説によれば，屈折率を n_i として $u_i = v/n_i^2$ である．そうすると

$$\frac{s_i}{w_i} \sim \frac{s_i}{c_i} - \frac{s_i}{c_i^2} \frac{v}{n_i^2} \cos \varphi_i = \frac{s_i}{c_i} - \frac{v}{c^2} s_i \cos \varphi_i,$$

$$\therefore \quad \sum \frac{s_i}{w_i} = \sum \frac{s_i}{c_i} - \frac{v}{c^2} \sum s_i \cos \varphi_i.$$

ただし，真空中の光速を c と書いた．この式の右辺第 1 項は，運動がない場合に光が全経路を行く時間を表わし，第 2 項の $\sum$ は光の全経路の運動方向への射影であり，閉じた光路に対してはゼロとなる．したがって，同じ始点と終点を結ぶ 2 本の経線に対する光路差は，運動があってもなくても同一である．しかるにフレネルの理論によれば，光の伝播は一般に干渉の結果として記述できる．そして，干渉は光路差のみによって決まる．したがって，2 次以上の効果を無視すれば光学現象への運動の影響は存在しない．そして，そのための必要十分条件はフレネル係数である．これは，1886 年にローレンツが与える一般的証明と本質的に同じ証明であった．

　ヴェルトマンが光の伝播の一般的理論を与えたのと前後して，実験的研究においても天文学的運動と光学現象との関係に一応の決着がつけられた．第 1 はエアリーの水望遠鏡の

実験である⁽⁴⁸⁾. そのきっかけとなったのは，先に述べたクリンケルフェスの否定的な結果，および，逆にフレネル係数を確認したというフークの実験⁽⁴⁹⁾ であった．同一の星 (りゅう座 γ 星) を春と秋に半年の間隔をおいて鏡筒を水で満たした子午環儀で観測し，その結果から観測地点の緯度を算出する．水を満たすことで光行差が変化するなら，得られた緯度にバラツキが生ずるはずであったが，バラツキは認められなかった．エアリーは 1871 年と 72 年と 2 度実験をくり返したが，結果は同様であった．これは 1818 年のフレネルの予想を確認するものであった．第 2 のより包括的な結果は，1873 年にパリ科学アカデミーのグラン・プリを得たマスカール (E. Mascart) の研究である⁽⁵⁰⁾. これは "光が光源および観測者の運動の結果としてこうむる，伝播の仕方および光の性質の変化を実験的に研究すること"⁽⁵¹⁾ というアカデミーのかかげた課題にこたえたものであった.

　マスカールは，格子による回折，鏡による反射，複屈折性物質による色偏光，水晶による偏光面の回転，プリズムによる屈折，ニュートン・リング，ヤング (Th. Young) の混合層による干渉，のおのおのについて地球の運動の影響が認められないことを実験的に確認し，さらにフークの実験をも追試して結果を確証した．これらの実験を行なうにあたってマスカールは，フレネルの理論とドップラーの原理をよりどころとして光源が地上のものである場合と天体である場合，すなわち，観測装置と光源の間に相対運動がない場合とある場

合とを区別して現象を解析し，どちらの場合も実験は否定的
な結果を与えることを予想し，そのとおりの結果を得た．マ
スカールがとりあげた問題のうちフレネルが論じなかったの
は，運動する複屈折性物質のなかの光の伝播である．マスカー
ルはそれを論ずるにあたって，常光線と異常光線のおのお
のにフレネル係数が（それぞれに対する屈折率とともに）適用
されると仮定した．そして，自分の解析から予想した結果が
実験的に確認されたことから，"常光線は複屈折性物質中で
も等方性物質中と同様にふるまうとすれば，常光線・異常光
線のおのおのに対する屈折率を含むフレネル係数が成り立た
ねばならない"[(52)] と結論した．このようにフレネルの係数
を複屈折性物質にまで拡張したことは，アカデミーのマスカー
ルへの授賞理由のなかでもとくに強調された．審査委員会
の報告は "とくにこの最後の点［複屈折への拡張］は重要であ
り新しいものである"[(53)] と述べている．

　複屈折への拡張は，フレネル係数の物理的意味をどう解釈
するかという，そのころ折にふれて論じられた問題との関連
でも重要であった．マスカールは，常光線と異常光線のそれ
ぞれに別の値をもつフレネル係数が適用されるとすれば，透
明物体内の周囲にくらべて余剰のエーテルが物体とともに動
くという，随伴係数に対するフレネル自身の解釈はもはや成
り立たないと注意している[(54)]．このころ随伴係数の解釈と
して，フレネル同様，余剰分のエーテルだけが物体と同じ速
度 v で動き，残りは静止しているとする説と，物体中の全

エーテルが $(1 - 1/n^2)v$ という速度で運動するとみる説とが対立していた[55]．運動物体中ではエーテルの密度が変化すると主張する人もいた[56]．これは結局，可秤量物質とその内部に含まれるエーテルとは物理的にどのような関係にあるかという，本節でみてきた**天文学的**な関連からとらえられたのとは異なる**物理学的**な問題である．パリ科学アカデミーは懸賞課題の意義を説明して，光の振動と光エーテル自体の存在とが十分確立された真理とみなされるにいたった今，"この弾性媒質の性質およびそれと可秤量物質との関係を調べることが重要である"[57] と述べていた．この "エーテルと可秤量物質との関係" こそ，20 世紀はじめにまで及ぶ次の時期にエーテル問題の中心的テーマとなるのである．

4　エーテルと物質の関係──物理学的関心

　ヴェルトマンおよびマスカールとともに第 2 の局面を終えたエーテル問題の探究は，1880 年代後半から新たな局面での興隆を迎える．この関心の高まりの直接の誘因は，いうまでもなくマイケルソンとモーリーの諸実験であろう．しかし，同時に大きな促進的な要因があったことを見すごすことはできない．それはマクスウェルの電磁理論が物理学のなかでエーテルの占める位置をいちじるしく高めることである．1886 年に「光学現象に対する地球の運動の影響」[58] の包括的な検討を行なったローレンツは，この問題は "電気と磁気の現象においてエーテルがある役割を演じていることが確か

らしくなって以来，はるかに一般的な重要性を得た"(59) と
書いた．マクスウェル自身がエーテル問題に大きな関心を
払っていた．1864 年にはみずからアラゴの実験をくり返し，
否定的な結果を再確認した(60)．『エンサイクロペディア・
ブリタニカ』第 9 版 (1879) のために書いた項目「エーテル」
でマクスウェルは，地上の物体に対するエーテルの速度を見
出すいくつかの実験的試みを概観したうえで，"地球の近く
での光の媒質の状態およびこの**媒質の粗大物質との関係**の
問題全体は，実験によって解決されたというにははるかに遠
い"(61)（太字は引用者）と結論している．

　じっさいに電磁現象への地球運動の影響をはじめて論じた
のは，マクスウェル理論の熱心な信奉者フィッツジェラルド
(G. F. FitzGerald) であった(62)．彼は次のように論じた：
ローランド (H. A. Rowland) の実験によって電荷の運動は
物理的な効果を生ずることが示されたが，"絶対運動"とい
うことは無意味であるから，ここでいう電荷の運動はエーテ
ルに対する運動以外ではほとんどありえない．ところが，随
伴係数についてのフィゾーの実験によれば，地上の物体とエ
ーテルの間には相対運動があるから，地上の帯電体は電磁的
な効果を生ずると期待できる．こう論じた彼は，ついで地上
の電荷と磁石，あるいは 2 つの伝導電流相互の間の作用を
調べ，共通の並進運動による諸効果は互いに打ち消し合って
消えることを示した．しかし彼は，もっと一般的なさまざま
の場合にどのような効果が生ずるかいなか，なおいっそう検

討を加えることが望ましいと結論した.

地球運動の影響ではないが，フレネル係数の電磁理論より
する検討は 1881 年にトムソン(J. J. Thomson)によって手
がつけられた[63]．彼はマクスウェル方程式を運動している
物質に対して拡張することを試み，

$$\Delta \boldsymbol{D} = \frac{\partial^2 \boldsymbol{D}}{\partial t^2} + (\boldsymbol{v} \cdot \text{grad}) \frac{\partial \boldsymbol{D}}{\partial t}$$

という形の式を得た．物質の速度 v と光の進行方向はとも
に x 軸方向にあるとし，平面波 $\boldsymbol{D} = \boldsymbol{a} \cos(qt - px)$ を仮定
すると，

$$\frac{q}{p} = \frac{v}{2} \pm \sqrt{c^2 - \frac{v^2}{4}} \sim \frac{v}{2} \pm c$$

が得られる．これからトムソンは，媒質が運動するとき光は
物体の半分の速度で物体にひきずられると結論し，これはフ
ィゾーの実験に合致すると主張した.

地球運動の電磁現象への影響を見出す最初の実験は，1889
年にデクドレ(Th. DesCoudres)によって試みられた[64]．
それは，2 つのコイルの間の電磁誘導が運動の影響を受ける
かどうかを見出そうとするもので，結果は否定的であった.
デクドレはこの実験の動機として，ヘルツ(H. Hertz)の実
験が誘導は光速で伝わるという仮定を "事実におしあげたこ
と"[65] をあげ，彼の試みが，"光エーテルがどこまで地上の
可稱量な物体の運動に参加するか"[66] という問題の解決に

寄与するだろうと述べている．このデクドレの言葉からみて
とれるように，エーテル問題のテーマはもはや，さまざまの
条件下での光の伝播でも地球（あるいは太陽系）の天文学的運
動の決定でもなく，物質の塊が動くときその内部ないし周辺
のエーテルはどうなるかという，物質とエーテルの関係へと
移っていたのである．

　関心が物質とエーテルの関係へと移行したことは，マイケ
ルソンの諸論文にも反映している．1881 年にベルリンで行
なったエーテルの流れを見出す実験の報告では，彼は “地球
のエーテルをとおしての運動の速度を見出すこと”[67] を目
的としてあげ，静止エーテルの仮説は間違いであると結論
した．ついで 1886 年に，彼はモーリーとともにフィゾーの
随伴係数の実験をくり返した[68]．そこでは研究の主題から
いって，彼らの関心が物質とエーテルの関係に向けられてい
ることは当然である．フィゾーの実験結果を再確認した彼ら
は，“光エーテルは，それが浸透している物質の運動によっ
て全く影響されない”[69] と結論した．ここで “全く影響さ
れない” というのは，フレネルの仮説に従えば “運動物体内
のエーテルは，物体分子のまわりに凝縮している一部［つま
り，周囲とくらべての余剰分］を除いては静止のままにとど
まる” から粒子と凝縮したエーテルとを一体化してとらえれ
ば，残りは運動に全く影響されないといってよい[70] という
意味である．

　マイケルソンとモーリーの最も有名な 1887 年の実験につ

いては，その意図は次のように説明されている[71]：透明物体中のエーテルが物体の運動にもかかわらず静止の状態を続けることは，前年の実験によって確認された．しかし，これを地球のような不透明物体に拡張する権利はない．エーテルが金属を透過しうることは，気圧計の管を傾けてトリチェリ真空部の体積を変化させるときエーテルは自由にそこから出入りするという事実によって示される．しかし，透過しうるからといって抵抗が全然ないとはいえない．まして，地球のような大きな物体がエーテルを抵抗なく透過させると勝手に仮定することはできない．このような重要問題は，ローレンツがいうように，憶測に頼らず，実験に訴えて確定すべきである．マイケルソンとモーリーの実験の直接の目的は，いうまでもなく，地球と光エーテルの相対運動を決定することであり，彼らの結論は "エーテルは地球の表面に対して静止している"[72] ということであった．しかし，上記から分かるように，この目的はエーテルと物質の関係という物理的問題への関心に裏打ちされていたのである．

　上でマイケルソンとモーリーが引用しているローレンツの言葉は 1886 年の論文「光学現象に対する地球の運動の影響」[73] のものである．このローレンツの論文は，当時までのエーテル問題の到達点を統一的な理論的観点から整理し，その後の研究がつねにふり返るべき基準点を与えたという意味で，マイケルソン-モーリーの 1887 年の実験とともにエーテル問題の歴史に 1 つの段階を画するものであった．問

題が "物質とエーテルとの関係" というところへ集約された
のも，このローレンツの論文によってであった．

　ローレンツはまず，ストークス理論の2つの前提，すな
わち，エーテルの運動が速度ポテンシャルをもつこと，およ
び，エーテルと地球表面の間の相対速度がゼロであること，
が互いに両立しないことを示した．しかし，2つの前提のう
ち光行差の説明にとって不可欠なのは速度ポテンシャルの存
在だけである．そこで，あとの条件を落して，代りに透明物
体によるエーテルの部分随伴についてのフレネルの仮定をつ
け加えた理論が可能かどうかを検討してみる．すなわち，次
の仮定をおく：

　ｉ）　地球の周囲のエーテルは速度ポテンシャルをもつ運
動をする．

　ｉｉ）　地球表面で地球とエーテルの運動は異なっていてよ
い．

　ｉｉｉ）　透明物体のなかをエーテルが通り抜けるときには，
この物体内を伝播する光の素元波は物体のエーテルに相対的
な運動の方向に速度 kv でひきずられる．ここに v は物体と
エーテルの相対速度であり，$k=1-1/n^2$ である．ただし，
n は物体の屈折率．

　ｉｖ）　不透明体については特別の仮定をおかない．
以上を前提し，v/c の2乗以上の項を省略して地球を基準に
してみた光の経路——相対光線——を調べると，すべては，
地球が静止し，相対光線がエーテルを基準としてみた光の経

路——絶対光線——であるかのように経過することが示される. すなわち, 星からの光についてのドップラー効果以外には, 光学現象に対する地球運動の影響は見出されない. これはフレネル理論からの結論と一致し, これまでに行なわれたさまざまの実験の結果を説明する. ところで, 上の結論の大部分は随伴係数に依存しているので, それの実験的確認が重要である. フィゾーの 1851 年の実験は定性的にそれを確認しただけで, 数値までは決定しなかったが, 最近のマイケルソン–モーリーの実験のおかげで, 数値的確証も得られた.

エーテルが地球の運動にもかかわらず静止しているかどうかは, ローレンツの一般化理論によっては決せられない. それは上の仮定 ii) によって, この点を不定のままにしているからである. そこでローレンツは別の角度からこの問題に接近し, そこで "物質とエーテルの関係" を考察の表面に浮かびあがらせるのである.

まず, 不透明体はエーテルを透過させないということも考えられる. その場合には, 望遠鏡の筒の内部のエーテルは望遠鏡とともに地球の運動に従うことになる. しかし, 少なくともあまり厚くない不透明体はエーテルを透過させることを示す事実がある. たとえば, 気圧計の管を傾けたとき, トリチェリ真空部に含まれるエーテルは自由にガラスと水銀を通り抜ける. もし物質の原子をエーテルの局所的変容とみなすなら, どんな厚い物体もエーテルを自由に通すものと期待してよい. しかしこの問題は, 可能性の程度や簡単さの議論で

安んじているにはあまりに重要であり，たしかな実験に訴えて決定する必要がある[74]．この観点から考慮にいれるべき既存の実験は2つある．1つはガラス板で屈折されるときに生ずる偏光面の向きの変化についてのフィゾーの1859年の実験，もう1つはマイケルソンのエーテルの流れを検出する実験(1881)である．前者はエーテルが地表に対して静止していないことを示したが，その相対速度を決定できるほど確実なものではない．後者は，マイケルソンによる効果の見積りが過大であり，それを修正すると彼の装置の精度では不十分なことが分かる．

　こうしてローレンツは，1886年の論文では結局エーテルの運動についての結論をさしひかえたけれども，彼の本心が静止エーテルの仮説にあったことは疑いない．1875年以来，彼が展開していた物質の光学的性質の理論は，エーテルが物体の内部，分子間の空間にも存在し，物質分子とエーテルとは互いに独立に扱うことができるという基本仮定にもとづいていた[75]．この仮定をおくにあたってローレンツは，液体や固体の内部にもエーテルが存在するという仮定は物体の運動が光学現象に及ぼす影響の研究によっても支持されると述べている[76]．1892年に彼は電子論を展開するためにはっきりと静止エーテルの仮定を採用する．そのさい彼は自分の理論を "可秤量物質はエーテルに対して完全に透明で，エーテルに少しも運動を伝えることなく動くことができるという考えにもとづく電磁現象の理論" と特徴づけ，"光学の

いくつかの事実をこの仮説の根拠としてあげることができる"[77]と述べるのである．このようにローレンツにあっては，"エーテル問題"への関心は物質の光学的・電磁的性質の理論の探究，すなわち電子論の胚胎と誕生とに相関連していたのである．そして電子論は，物質分子とエーテルとの関係について明確なイメージを描くことなしには成立しない．このようにみてくれば，彼の 1886 年の論文が，この時点におけるエーテル問題は物質とエーテルの関係，可秤量物体が運動するとき物質はエーテルにその運動を伝えるかどうかの問題，に帰することを示すことで終っているのは偶然でない，といえるであろう．

　エーテル問題をエーテルと物質の関係という方向へさらにおし進めたのはレーリー卿（Lord Rayleigh）である．彼は 1887 年に書かれ，1892 年に *Nature* 誌に公刊された論文で，エーテル問題は帰するところはエーテルと地表との間に相対運動があるかどうかだ，と述べている[78]．v/c の 1 次の効果に関する限りフレネル理論はすべての事実に合致する．マイケルソンの実験（1881）は，ローレンツが指摘したように，精度に問題がある．こうして，静止エーテルの仮定が今のところ有利そうであるが，問題は決着していないとみるべきである．そこでこの問題を決定するために，レーリーは，高速で運動する重い質量のすぐそばを通過する光の経路が，その質量の運動によって影響されるかどうかを実験的に調べることを提案した[79]．もし影響があれば，運動する物

体はその周囲のエーテルに運動を多少なりとも伝える，と結論しなければならない．

この提案はロッジ（O. Lodge）によって実行に移された[80]．彼は，水平におかれた2枚の鋼の円板の間の空間で2本の光束を，同一経路上逆向きに通過させ，円板を回転させたときに2本の光束の速さに差を生ずるかどうかを観察したのである．円板に垂直な電場あるいは磁場をかけたときに，その影響があるかどうかも調べられた．実験は1891年から1894年までの間，装置に改良を加えつつ何度かくり返されたが，結果はつねに否定的であった．しかし，ここで興味があるのは，ロッジがこの実験を行なうにあたって問題状況をどのように把握していたか，ということである．彼はこの実験の目的を，"エーテルと粗大な物質との間の関係いかん"という"最もめざましい物理学の問題の1つ"の解決のためと述べ[81]，さらに次のように敷衍している：物体の内部のエーテルは，物体が運動するときそっくりそのまま物体と一緒に動くのか，それとも，エーテルそのものは動かず，物質の存在によるエーテルのある変容だけが位置を変えるのか？[82]　フィゾーの1851年の実験は両者の中間であるフレネルの考えをさし示している．物体の周囲のエーテルについては，フレネル理論はつねに静止すると仮定している．エーテルの流れを検出するこれまでの試みの否定的な結果は，エーテルと物質とが完全に結びついているとしても，完全に独立であるとしても，フィッツジェラルドの短縮仮説を

認めるなら，説明することができる．そこで物体外部のエーテルが動かないことを実証しようとしたのが，彼ロッジの実験である．実験の結果は，"ふつうの物質の塊の運動によってはエーテルに認めうるほどの攪乱を生じない"ことを証明したから，地球の運動についても同様であろうと結論してよい[83]．

　1895 年にはゼーンダー（L. Zehnder）によって，不透明な固体の内部のエーテルが固体とともに動くかどうかを決定するための実験が試みられた[84]．鉄製のシリンダー内で鉄のピストンを往復させ，それによってエーテルが圧縮されるかどうかを光学的方法で調べる．結果は否定的であって，ゼーンダーは固体も流体と同じくエーテルに対して透明であると結論した．同じころライフ（R. Reiff）は[85]，ヘルムホルツ（H. von Helmholtz）の電気力学[86] によって運動する誘電体の内部での光の伝播の方程式を求め，エーテルが物質の運動に全く伴わないとしても，この方程式からフレネルの随伴係数が導けることを示した．1893 年にヘルムホルツは，エーテル内にとった曲閉面上でマクスウェル応力を積分するとゼロにならないこと，すなわち，電磁場が存在するときエーテル内の有限な大きさの部分にはゼロでない合力が働くことを示し，それによってエーテルの流れが生ずるはずだと論じた[87]．このヘルムホルツの理論は，エーテルの可動性という問題を提起したことによって，エーテルと物質の関係への関心をさらにかきたてたと思われる．数年後にラーモア（J.

Larmor)がエーテル問題の歴史的概観を書いたとき，彼は，ヘルムホルツのいうような運動はロッジの精細な実験によって否定される，と述べた[88]．D と H がゼロでないときに生ずるはずのエーテルの流れを直接干渉計によって見出そうとする実験も，1897 年ヘンダーソン(W. C. Henderson)とヘンリー(J. Henry)によって試みられた[89]．結果は否定的であった．

　1890 年代に試みられたエーテル問題に関する実験は，地表からの高度による地球とエーテルの相対速度の違いを見出そうとしたマイケルソンの 1897 年の実験[90] を別とすれば，以上にみたように，そのほとんどが物質とエーテルの関係に焦点を合わせていた．では理論的な追求はどうであったか．

　この時期に電磁理論にもとづいてエーテル問題を最も包括的に，かつ突っ込んで論じたのは，いうまでもなくローレンツである．1892 年以来の彼の研究[91] は，1895 年にモノグラフ『運動物体中の電気的・光学的現象の理論の研究』[92] にまとめあげられた．彼はここで v/c の 1 次までの範囲で状態対応の定理を証明し[93]，それによって，地球運動の影響が見出されないことを説明することができた．その詳細に立ち入ることはあまりにページ数をとることでもあり，また本論文の本来の目的のために必要でもない〔本書収録の「ローレンツ電子論の形成と電磁場概念の確立」を参照〕．われわれが注目するのは，ローレンツが問題をいかなる性質のも

のとしてとらえていたかということである．彼は上記の書物を "エーテルが可秤量物体の運動に伴うかどうかという問題に対する，すべての物理学者を満足させる答はいまだに見出されていない"[94] という言葉で始めている．ついで，彼が以前からフレネルの静止エーテルの方がよいと考えてきた理由を説明する．すなわち，第1に，エーテルを固体もしくは液体の囲いの中に閉じこめることはできないという事実，第2に，フレネル係数が実験的に確証されていることである[95]．そこで，この静止エーテルの仮説の上にすべての事実を満足に説明する理論を展開することが本書の課題となるが，とローレンツは述べている．この目的には電子論が適合している．なぜなら，電子論は，物質のエーテルに対する透過性をかなり満足なやり方で方程式にとりいれることを可能にするからである[96]．以上のようなローレンツの言葉はふたたび，彼におけるエーテル問題が電子論の意味でのエーテルと物質の関係の考察とほとんど同義であったことを示している．

　この節を終る前に，1887年にフォークト（W. Voigt）の展開した，弾性波動論にもとづく運動物体中の光の伝播の理論[97] にひとことふれておきたい．フォークトのこの理論は，エーテルと物質粒子との間に働く力学的な力を考慮にいれることによって，エーテルは物体の運動に随伴せず静止の状態にとどまるという前提のもとに，フレネル係数をはじめ多くの実験結果を導き出すことに成功している点で注目すべ

きものである．それはちょうどローレンツの電子論の弾性理論的な翻訳になっているといってよいのである．

5　問題の解決

　エーテルと物質の関係の探究は，19世紀最後の数年から20世紀初頭にかけていっそうの熱をおびることになった．エーテル問題へのこの関心の高まりに1つの機縁を与えたのは，ドイツ自然科学者医師協会の1898年のデュッセルドルフにおける大会であった．この大会にローレンツが招待され，エーテル問題の討論会が行なわれたからである．ローレンツが招かれたのには2つの理由があった．第1に，1897年の大会で翌年の大会にオランダの科学者を招くことが決まり，ローレンツは同僚とともに招待されたのである[98]．第2に，数年来その大会の物理部会では，テーマを選定して若い研究者に総合報告を依頼し，それにもとづいて立ち入った討論を行なう習慣であった．ボルツマン(L. Boltzmann)，クウィンケ(G. H. Quincke)，ワールブルク(E. G. Warburg)からなる1898年大会の準備委員会は "運動媒体中のエーテルのふるまい"[99]，"エーテルの並進運動に関連する問題"[100] をテーマに選び，"この問題をとくによく研究している"[101] ローレンツに討論への参加をよびかけたのである．ローレンツは招待を直ちに受諾した[102]．これはローレンツにとって初めての国際的な会議への参加であり，彼に非常に大きな喜びをもたらしたが[103]，他方ドイツの物理

学者たちも，この大会でのエーテル問題の討議から大きな刺激を与えられた．討論の結果，エーテルの可動性に関する実験をくり返すことが望ましいと結論され[104]，デクドレは屈折のさいに生ずる偏光面の変化に関するフィゾーの実験をくり返すよう委託された[105]．プランク(M. Planck)は，大会でのローレンツとの会話がきっかけとなって，エーテルの圧縮性を認めることによってストークスの光行差理論を救うというアイデアを発展させた[106]．

ヴィーン(W. Wien)の報告は[107]“光エーテルは物体の運動に参加するかどうか，また，そもそもそれに可動性をもたせることができるかどうかという問題を物理学者は長らく論じてきた”という言葉で始まり，エーテルが運動するとすれば，その運動はエネルギーを消費するかどうか，エーテルは慣性質量をもつかどうか，固体の運動はエーテルに伝達されるかどうか，を順次論じている．明らかに，ここで関心のまととなっているのは運動の絶対基準系といった問題でなく，エーテルの物理的性質であり，それと可秤量物質との関係である．既存の理論と実験を比較検討してヴィーンのひき出した結論は以下のようであった[108]：

運動しうる，慣性のないエーテルには成功の可能性が少ない．他方，完全に静止したエーテルには，作用・反作用の原理をやぶるという理論的困難と，いくつかの実験結果に合わないという困難とがある．そういう実験とは，マイケルソン-モーリーの1887年の実験，水晶による偏光面の回転に

ついてのマスカールの否定的結果(この当時のローレンツの
理論は肯定的結果を予想していた),帯電したコンデンサー
は地球の運動にもかかわらず磁場を生じないこと,屈折のさ
いの偏光面の向きの変化に関するフィゾーの実験,である.
そこでまず,これらの実験をくり返してみることが切望され
る.その結果が静止エーテルを否定すれば,唯一の逃げ道は
重力のエーテルに対する影響を考慮することであろう.それ
はエーテルに慣性質量を認めることと同等であり,作用・反
作用の原理に関する困難をも解消させる.ロッジの実験は,
小さな物体は重力的作用が小さいからエーテルをひきずらな
いという理由で説明できる.地球がその重力作用によってエ
ーテルを動かすとすると光行差の説明がうまくいかなくなる
が,これは,重力作用のある場合の流体力学をきちんと論じ
直せば解決されるかもしれない.理論家の課題は,エーテル
の運動が検出できるような場合を予測することである.

　ヴィーンに続いてローレンツが補足報告を行なった[109].
問題の焦点がエーテルの物理的性質,およびそれと物質の
関係にあるとみる点では,彼もヴィーンと変わらない.彼は
いう:エーテルと可秤量物質と電気とが物理的世界を構成し
ているのであり,"物質が運動するときそれがエーテルを随
伴するかどうかを知りえたならば,これらの構成要素の本質
と相互の関係にいっそう深く迫るための道が開けるであろ
う"[110].しかし,エーテルの可動性に関しては,ヴィーン
に反対して静止エーテルを擁護する:ストークスの理論の困

難は運動学的なものであって，重力作用を認めたところで解決するようなものではない．他方，物体がエーテルに対して透明であるという考えを支持する事実はいくつもあり，したがって，主要な問題は，"静止エーテルの理論が……光行差以外の電気的ならびに光学的領域の諸事実とどのような関係にあるか"(111) である．静止エーテルを認める以上，地上の物体とエーテルの間に相対運動があることは疑いない．したがってローレンツにとっての問題は，その運動の物理的効果が多くの場合に表に現われない理由を説明することだったのである．彼は，ヴィーンのあげた諸実験について電子論による説明の見通しを述べ，作用・反作用の原理については，これは日常経験の範囲内のものであり，エーテルと可秤量物質の間の要素的作用については成立しなくてもよいと主張した(112)．

　デュッセルドルフ大会は明らかにドイツ語圏の物理学者のエーテル問題への関心を高めた．多くの人が運動物体とエーテルの関係を明るみに出すためのさまざまの実験を提案し，理論的に検討し，実行した．デクドレに委託された，ガラス層を通過するさいの偏光面の向きの変化についての実験は，けっきょく実行に至らなかったらしい．〔筆者が〕これまで調べた範囲では，その結果を報告する論文が見あたらないからである．ミー（G. Mie）はデュッセルドルフ大会の席上，ヘルムホルツ理論から予想されるエーテルの流動について注意し(113)，その後2度にわたって，流体とみなしたエーテ

ルの運動をヘルムホルツ理論によって論じた[114]．大会の直接の結果として行なわれた実験の1つは，これに出席したオランダのハガ(H. Haga)によるものである[115]．彼は，Br〔臭素〕の吸収線の位置が光線の地球運動に相対的な向きによって変化したというクリンケルフェスの実験(1870)[116]をくり返し，そのような効果は生じないことを確認した．水晶による偏光面の回転の実験に関しては，1902年にヴァクスムート(R. Wachsmuth)とシェーンロック(O. Shönrock)が，マスカールの装置には不備があり，実験をやり直す必要があると主張した[117]．同じ1902年，オッポルツァー(E. R. von Oppolzer)は，地球の周辺のエーテルが地球とともに回転する場合に生じうべき星からの光の進路の屈曲を観測することを提案した[118]．かつてフィゾーが，ボロメーターによって光の強度がその進行方向によって変化するかどうかを検出することを提案したことがあった[119]．1902年にローレンツとブーヘラー(A. H. Bucherer)の間でこの提案の可否について議論が交され，差は見出されないという結論に落ち着いた[120]．ブーヘラーは，学生のノルドマイヤー(P. Nordmeyer)を指導してこの実験を行なわせ，予想どおり否定的な結果を得た[121]．1904年にはヴィーンとシュヴァイツァー(A. Schweitzer)がそれぞれ，東西に進む光の速さの差を直接見出す実験方法を提唱した[122]．マイケルソンはこれに批判を加え，彼らのプランには見落しがあり，その実験は無効であろうと指摘した[123]．

　1900 年以後，英語圏においてもエーテルと物質の関係を
めぐる探究はいちだんと活発化した．ケルヴィン卿（Lord
Kelvin）は 1900 年 4 月 27 日の Royal Institution〔王立研究
所〕における金曜講演で，19 世紀物理学にかかる 2 つの雲
の 1 つとして "地球がいかにして光エーテルのような弾性
固体をつらぬいて動くことができるか" という問題をあげ
た(124)．1901 年にトルートン（F. T. Trouton）はフィッツ
ジェラルド（1901 年 2 月 22 日没）の提案になる次の実験を
行なった(125)．極板を地球の運動方向に向けたコンデンサ
ーに電荷を与える．運動する電荷は電流に同等であるから，
このコンデンサーは静電エネルギーのほかに磁気エネルギ
ーも得るはずである．この磁気エネルギーはおそらく地球の
運動エネルギーの転換したものであり，したがって，コンデ
ンサーは充電ないし放電のさいに力積を受けるはずである．
トルートンの実験はなんの効果をも示さなかった．そこでト
ルートンは，問題のエネルギーが充電用の電源から供給され
ると仮定してみた．そのときは，充電されたコンデンサーの
極板を運動に直角な方向に向けようとする偶力が働くはず
である．彼は 1903 年ノーブル（H. R. Noble）とともにこの
偶力を見出す実験を行なったが，結果はやはり否定的であっ
た(126)．
　ヴァクスムートが提唱した偏光面回転に関するマスカー
ルの実験のくり返しは，1902 年レーリーによって行なわれ
た(127)．ただし，彼の実験はヴァクスムートの提唱に先立

っており，後者とは独立である．実際の結果は否定的であった．ついでレーリーは，ローレンツ短縮が実在するならば運動する透明物体は複屈折性を示すはずであることを指摘し，それを検出しようと試みたが成功しなかった[128]．この実験は1904年にブレース(D. B. Brace)によってくり返されたが，結果はやはり否定的であった[129]．そこでブレースは短縮仮説は保持できないと結論したが，ラーモアはこれに反論して，ブレースの結果は状態対応の定理によって説明できると述べた[130]．ブレースはその翌年，こんどは屈折のさいに生ずる偏光面の向きの変化に関するフィゾーの実験[131]，および偏光面の回転に関するマスカールの実験[132]をくり返した．これら2つの実験については，当時その妥当性についてしばしば疑問が呈されていたのである．いずれも否定的な結果を得たブレースは，1次の効果の不在は確立されたと結論した．

　2次の効果については，1905年にモーリーとミラー(D. C. Miller)が1887年のマイケルソン-モーリーの実験をくり返し，否定的な結果を確認した[133]．ここで注目されるのは，彼らの実験は単にエーテルとの相対運動を検出することだけでなく，短縮仮説のテストを目的としていたということである．彼らは，短縮はおそらく固体の物理的性質に依存するであろうから，装置の架台の材質の違いによる短縮の差を見出すことによって，短縮仮説を検証できるだろうと期待したのである．結果はどちらの意味においても否定的であっ

た.

　以上のような実験が試みられている間に, 理論の方でも
いちじるしい進歩があった. 1889 年ローレンツは, 相対論
におけるのと同じ形の座標変数の変換を導入し, (1 次まで
の)状態対応の定理が成立するためには運動物体の短縮が必
然的に要求されることを示した[134]. また, すべての物体
の質量が運動によって変化しなければならないことも示さ
れた. 多くの点でローレンツの電子論に類似していたのは,
ラーモアが 1893 年以来展開していた "エーテルの動力学的
理論" である. この主題に属する一連の論文のうち 1897 年
の論文[135]でラーモアは, ローレンツと同じ形の変数変換
によって, 2 次までの状態対応の定理を証明した. さらに,
1898 年末までに書かれ 1900 年に出版された『エーテルと
物質』では, 相対性理論と同じ形の座標および場の量の変数
変換が導入された[136]. この変換を使うならば, 静止した
物理系と短縮した運動している物理系との間の状態対応を
厳密に証明することができたはずである. じっさいラーモア
は, 運動系における新しい変数で書かれた電磁方程式は静止
系におけるマクスウェル方程式と同一の形になることを注
意している. それにもかかわらず彼は, 自分の理論を "2 次
までの近似" とよび, "2 次まで正しい対応" が確立された
と述べるだけで満足している[137]. このようにラーモアが,
自分が手中にした結果を全面的にとり出すことができなかっ
たのは, おそらく, ポアンカレが 1895 年以来折にふれて述

べていたような問題意識が彼に欠けていたからに違いない.

ポアンカレは 1895 年以来, 地球運動の光学現象への影響はすべての次数において見出されないだろうと予想し, そのことを完全に示してくれる理論を待望していた[138]. 1900 年のパリの国際物理学会議では, 現存する理論のうち, 最も満足なものはローレンツであるとしつつも, 新しい事実が見出されるたびに新しい仮説が必要とされるような現状に不満を表明した[139]. このポアンカレの批判, およびトルートンとノーブル, レーリー, ブレースらの実験の否定的結果がローレンツを導いて, 1904 年, "あれこれの次数の項を省略することなしに, 多くの電磁的作用は系の運動にまったく依らないこと……を示す" ことの可能な理論に到達させたのである[140]. この 1904 年の理論で使われた座標変数および場の変数の変換は, 〔アインシュタインの〕相対性理論と同じ形である. しかし速度に対しては

$$u_x' = \frac{u_x}{\sqrt{1-v^2/c^2}}, \qquad u_y' = \frac{u_y}{\sqrt{1-v^2/c^2}},$$
$$u_z' = \frac{u_z}{\sqrt{1-v^2/c^2}}$$

という任意の変換を仮定したために, 運動系に対する新しい変数による電磁方程式の形はマクスウェル方程式とわずかに異なる. この差があるためにローレンツは "多くの電磁的作用" といって, "すべての電磁的作用" とはいわなかったのである. 上の速度の変換式は翌 1905 年, ポアンカレによ

って相対性理論におけるのと同じ形のものにおき代えられた[141]. それによって, 状態対応はなんらの制限なくつねに厳密に成立することになった. こうして, 1898 年にローレンツがデュッセルドルフで定義した主要問題, すなわち, 静止エーテルを容認する理論は, エーテルに対する相対運動にもかかわらず電磁的, 光学的現象に運動の影響が現われないことをどう説明するかという問題, は一応満足な解答を与えられたのである.

6　結　　論

"エーテル問題" の歴史の各段階でそれぞれ追求されたのはいかなる性質の問題であったか, ということを見てきた. 19 世紀なかばまでは, エーテル問題とは, 光行差を満足に説明することを可能にするエーテルの物理的性質と光の伝播の理論とを求めることであり, それは光の波動論の正当性を確立するための努力の一環であった. 光の波動論が確立されてのち, 60 年代後半から 70 年代にかけては, 光源, 媒質, 観測者の間にさまざまの相対運動がある場合に光がどのように伝播するかを明らかにすることが問題であった. いいかえれば, 光波の伝播の運動論を確立することが課題であり, それは当時の位置天文学において, 観測と理論の両面からとくに解決をせまられていた問題であった. 80 年代になってからは, 光の電磁説の発展とともに物理学全体に対するエーテルの重要性が高まり, エーテルと可秤量物質の関係, すなわ

ち，可秤量物体がエーテルをつらぬいて運動するとき，エーテルは物体の運動にどこまで随伴するか（あるいは，しないか），が研究の焦点となった．そして，運動物体はその内部および周囲のエーテルを運動にひきこまない，という結論が確からしくなるとともに，地上の物体とエーテルの相対運動の影響を実験的に見出す新たな，あるいは再度の試みが熱心にくり返され，理論家はそれらの実験が否定的な結果を与える理由を見出すための努力を重ねた．

　われわれは，エーテル問題の追求は現実に絶対基準系の探求という意味をになっていたのか，という問をはじめに立てたが，それに対して，以上の考察からひき出される答は"否"以外にありえないであろう．上にみた長い歴史のほとんど全期間を通じて，ニュートン力学の絶対基準系をエーテルに求める議論は見られないのである．おそらく唯一の例外は，ロッジの 1898 年の議論だけである．彼は，エーテル問題の探究の結果は "エーテルは静止の物理的基準であることを示す"(142) と述べた．彼は物体の運動エネルギーの表式についての考察からそのような主張に到達したのである．すなわち，運動エネルギーの大きさ $(1/2)mv^2$ は速度 v をどの座標系で計るかによって異なるが，これは物理的に不合理であり，したがって，絶対速度に現実的な意味があるはずである(143)．ところで，エーテルは物体を自由に通り抜けることができ，エーテルと可秤量物質の間には粘性がなく，エーテルは物体の運動に抵抗しない．他方，物質間の作用はすべ

てエーテルに仲介されると考えられる．したがって，運動エ
ネルギーとポテンシャル・エネルギーはカテゴリカルに区別
され，前者は物質のみに，後者はエーテルのみに所有される
と結論してよい．このように考えると運動エネルギーはエー
テルを基準として計られるべきであり，エーテルは速度の絶
対的基準を与える．こうロッジは主張したのである．この議
論から分かるように，彼の主張は，エーテルと物質の関係が
追求された結果，エーテルは物質の運動に参加しないという
結論が得られたことから導かれたのである．すなわち，絶対
基準系としてのエーテルという主張はエーテル問題の追求の
結果であって，後者の目標ではなかったのである．さらに加
えて，このロッジの提言が多少とも真面目な反響をよんだよ
うすもみられない．19 世紀のエーテル問題は絶対基準系の
探究であった，ということはできない．

　1904〜05 年のローレンツ-ポアンカレの理論も，エーテ
ル問題の上に見てきたような特質を背景として評価されねば
ならない．ローレンツの理論は，当時のエーテル問題の論点
であったエーテルと物質の関係いかんという問に答えるもの
であった．エーテル問題の追求は，エーテルはそれをとおし
ての物体の運動によって動かされず，したがって，地上の物
体とエーテルの間には相対運動が存在するはずであること，
にもかかわらず，この相対運動は光学的・電磁的現象に認め
うる影響を生じないこと，を示した．ローレンツの理論は，
前者の結論を前提として認めたうえで，後者の事実がどのよ

うに説明されるかを示すことに成功したのである．そういう
ものとしてのローレンツの理論が相対性理論とよばれえない
ことは明らかであろう．これら2つの理論は，それぞれ互
いに異なる問題に対して答えるものであった．

　ところで，ローレンツの理論はいくつかの物理的な仮説を
含んでいる．すなわち，すべての分子間力は運動によって電
磁的な力と同じ変化をこうむる，電子自体も運動方向に短縮
する，電子の電磁質量のみならず，すべての質量が運動によ
って $m = m_0/\sqrt{1-v^2/c^2}$ のように変化する，等である．第
1の仮説は，運動による物体の短縮を保証するために必要で
あった．第2，第3の仮説は就中，分子の熱運動にもかかわ
らず，物体の短縮が理論の要請どおりに生ずるために必要
だった．ローレンツの理論が懸案の問題を解決することが認
められたので，人々の関心は当然，その前提をなすこれらの
仮説の当否へと向けられることとなった．モーリー–ミラー
の1905年の実験が短縮仮説の検証という意図のもとに行な
われたことは，前節で述べたとおりである．同じ1905年に
ブレースは，短縮仮説を必然ならしめる妥当な理由はまだ提
出されていないと指摘し，この点に関してハーゼネール（F.
Hasenöhrl）の議論に注目すべきことを述べた[144]．ハーゼ
ネールは1904年，運動する空洞のなかに含まれる輻射の熱
力学を論じ，短縮仮説を認めなければ第2法則に反する結
果に導かれることを示したのである[145]．1905年をはさむ
前後数年に，電子の質量の速度依存を決定しようとするカウ

フマン（W. Kaufmann）の実験が注目をあびたのも，それが
ローレンツ理論の物理的根拠の妥当性に関連していたからに
ほかならない．ポアンカレがこの実験に深い関心をよせ，い
ろいろな機会をとらえて新しい"電子の力学"の意義を論じ
たことも[146]，このような文脈のなかで理解されねばなら
ないのである．

　このポアンカレの 1900 年前後の批評活動とアインシュタ
インの特殊相対性理論との関係，および，後者の誕生に寄与
したエーテル問題以外の契機を分析することは，次の論文に
譲ることにする．

　本研究をすすめる途上で気象庁図書室の利用にあたって便
宜をはかって下さった根本順吉氏のいつもながらの御厚意に
感謝したい．

注と文献

（1）　M. von Laue, *Das Relativitätsprinzip*, Friedr.
Vieweg, Braunschweig, 1911, pp. 8-18. 日本語の古典的
な例としては，石原純『相対性原理』，岩波書店，1921,
第 1〜3 編をあげることができる.

（2）　C. Møller, *The Theory of Relativity*, 2nd ed., Ox-
ford University Press, London, 1972, p. 5; 永田恒夫・伊
藤大介訳『相対性理論』（第 1 版の訳），みすず書房，1959,
p. 5.

（3）　*Ibid.*, p. 6; 邦訳，p. 6.

（4）　*Ibid.*, p. 30; 邦訳，p. 29.

(5)　W. G. V. Rosser, *An Introduction to the Theory of Relativity*, Butterworths, London, 1964, p. xiii. ただしこの著者は，"マイケルソン-モーリーの実験は最後の［相対論的］観点が最終的に採用されるに至るのに大きな貢献をした"(*ibid.*, p. 60)と述べて，これらの実験が直接相対論を生みだしたとは書いていない．

(6)　E. Whittaker, *A History of the Theories of Aether and Electricity. The Modern Theories 1900–1926*, Thomas Nelson, London, 1953, Chapter II.

(7)　広重徹「相対論の起原——予備的考察」，『科学史研究』, II-4, No. 76 (1965), 171–173, とくに p. 172; "Theory of Relativity and the Ether," *Japanese Studies in the History of Science*, No. 7 (1968), 37–53, とくに pp. 42–43.

(8)　A. Einstein から F. G. Davenport へ, 9 Feb. 1954. この手紙は次の注(9)の G. Holton の論文(後者)の 194 ページに再録されている; R. S. Shankland, "Conversations with Albert Einstein," *American Journal of Physics*, **31** (Jan. 1963), 47–57. その後 R. S. Shankland は ["Conversations with Albert Einstein. II," *American Journal of Physics*, **47** (July 1973), 851–901], 自分の印象ではアインシュタインは 1905 年以前にマイケルソン-モーリーの実験を知っていたと思うと述べたが，たとえそうだとしても，この実験が相対論の誕生に中心的役割を果たしたのでないという事情には変わりがない．

(9)　G. Holton, "On the Origins of the Special Theory of Relativity," *American Journal of Physics*, **28** (1960), 627–636; "Einstein, Michelson, and the 'Crucial' Experiment," *Isis*, **60** (1969), 133–197. 引用は pp. 195–

196.

(10)　広重，注(7)および，「存在 *vs.* 機能」，広重編『科学史のすすめ』，筑摩書房，1970，pp. 257-314；「相対論はどこから生まれたか」，『日本物理学会誌』26 巻(1971 年 6 月)，380-388.

(11)　長崎正幸「解説」，武谷三男『量子力学の形成と論理，I．原子模型の形成』(復刻版)，勁草書房，1972，pp. 283-300，とくに p. 291.

(12)　同上，p. 292.

(13)　エーテル問題の通史的概観としては У. И. Франкфурт и А. М. フреник，"Очерки развиция оптики движущихся тел," *Труды Института Истории Естествознания и Техники,* Вып. 43 (1961)，3-49 を参照.

(14)　F. Arago, "Mémoire sur la vitesse de la lumière [1810]," *Comptes rendus,* **36** (10 jan. 1853), 38-49.

(15)　*Ibid.,* p. 40.

(16)　*Ibid.,* p. 43.

(17)　*Ibid.,* p. 43.

(18)　*Ibid.,* p. 46.

(19)　A. J. Fresnel, "Sur l'influence du mouvement terrestre dans quelques phénomènes d'optique," *Annales de chimie et de physique,* **9** (sept. 1818), 57-66; *Œuvres complètes d'Augustin Fresnel,* tome 2, 627-636.

(20)　É. Verdet, "Introduction aux Œuvres d'Augustin Fresnel," *Œuvres complètes d'Augustin Fresnel,* tome 1, Paris, 1866, pp. ix-xcix. esp. p. xxxvi.

(21)　Fresnel, 注(19), p. 628.

(22)　E. Whittaker, *A History of the Theories of Aether and Electricity. The Classical Theories,* Thomas Nelson, London, 1951, pp. 126-127. ただし，光の波動論の受容過程の本格的な分析はまだなされていない.

(23) C. Doppler, "Ueber das farbige Licht der Doppelsterne und einiger anderer Gestirne des Himmels," *Abhandlungen kön. Böhm. Ges. Wiss.* (5), **2** (1841-42), 465-482. esp. p. 468.

(24) C. Doppler, "Ueber die bisherigen Erklärungsversuche des Aberrationsphänomens," *Abh. kön. Böhm. Ges. Wiss.* (5), **3** (1843-44), 747-765.

(25) *Ibid.*, p. 765.

(26) G. G. Stokes, "On the Aberration of Light," *Phil. Mag.* (3), **27** (July 1845), 9-15; *Mathematical and Physical Papers, I*, 134-140.

(27) G. G. Stokes, "On the Theories of the Internal Friction of Fluids in Motion, and of the Equilibrium and Motion of Elastic Solids," *Trans. Cambridge Phil. Soc.*, **8** (1849), 287-319; *Mathematical and Physical Papers, I*, 75-129.

(28) *Ibid.*; *Mathematical and Physical Papers, I*, pp. 126-127.

(29) David B. Wilson, "George Gabriel Stokes on Stellar Aberration and the Luminiferous Ether," *British Journal for the History of Science*, **6** (June 1972), 57-72, esp. pp. 61-62, 71.

(30) G. G. Stokes, "On the Constitution of the Luminiferous Ether, Viewed with Reference to the Phenomenon of the Aberration of Light," *Phil. Mag.* (3), **29** (July 1846), 6-10; *Mathematical and Physical Papers, I*, 153-156. "On the Constitution of the Luminiferous Ether," *Phil. Mag.* (3), **32** (May 1848),

343-349; *Mathematical and Physical Papers, II*, 8-13.

(31)　J. Challis, "On the Aberration of Light," *Phil. Mag.* (3), **27** (Nov. 1845), 321-327. チャリスとストークスの論争については，Wilson, 注(29)をみよ.

(32)　G. G. Stokes, 注(30), *Mathematical and Physical Papers, II*, p. 11.

(33)　Royal Society of London, *Catalogue of Scientific Papers 1800-1900. Subject Index*, vol. III Physics, Part I, Part II, Cambridge, 1912, 1914.

(34)　H. L. Fizeau, "Sur les hypothèses relatives à l'éther lumineux, et sur une expérience qui paraît démontrer que le mouvement des corps change la vitesse avec laquelle la lumière se propage dans leur intérieur," *Comptes rendus*, **33** (25 sept. 1851), 349-355.

(35)　H. L. Fizeau, "Sur une méthode propre à rechercher si l'azimut de polarisation du rayon réfracté est influencé par le mouvement du corps réfringent," *Comptes rendus*, **49** (14 nov. 1859), 717-723 ; *Ann. de chim.*, **58** (1860), 129-163.

(36)　J. Babinet, "De l'influence du mouvement de la terre dans les phénomènes optiques," *Comptes rendus*, **55** (6 oct. 1862), 561-564.

(37)　以下の天文学史的事項は次の書物による：Robert Grant, *History of Physical Astronomy*, Johnson Reprint Corporation, New York and London, 1966 (Originally, London, 1852), chapters 14, 16, 19, and 21; Arthur Berry, *A Short History of Astronomy*, Dover Publications, 1961 (Originally, by John Murray, 1898), chapters 12 and 13.

(38)　W. Klinkerfues, "Ueber den Einfluss der Bewegung des Mittels und den Einfluss der Bewegung der Lichtquelle auf die Brechbarkeit der Strahls," *Gött. Nachr.*, 1865, 157-160, 210; "Weitere Mitteilungen über den Einfluss der Bewegung der Lichtquelle auf die Brechung der Strahls," *Gött. Nachr.*, 1865, 376-384; 1866, 33-60; "Untersuchungen aus der analytischen Optik, insbesondere über den Einfluss der Bewegung der Lichtquelle auf die Brechung," *Astron. Nachr.*, **66** (Mai 1, 1866), 337-366.

(39)　W. Klinkerfues, *Die Aberration der Fixsterne. nach der Wellentheorie*, Leipzig, 1867; "Versuche über die Bewegung der Erde und der Sonne im Aether," *Astron. Nachr.*, **76** (Mai 21, 1870), 33-38.

(40)　E. Ketteler, "Ueber den Einfluss der astronomischen Bewegungen auf die optischen Erscheinungen," *Pogg. Ann. d. Phys.*, **144** (1871), 109-127, 287-300; **145** (1872), 363-375, 550-563; **146** (1872), 406-430; **147** (1872), 404-429; "Nachträglicher Zusatz zu der Abhandlung über die Aberration," *Pogg. Ann. d. Phys.*, **147** (1872), 478-479; "Ueber den Einfluss der astronomischen Bewegungen auf die optischen Erscheinungen. Nachtrag zu letzten Abhandlungen," *Pogg. Ann. d. Phys.*, **148** (1873), 435-448; *Astronomische Undulationstheorie, oder die Lehre von der Aberration des Lichtes*, Bonn, 1873.

(41)　E. Ketteler, 注(40), *Pogg. Ann. d. Phys.*, **144** (1871), p.127.

(42)　E. Mach, "Ueber eine Longitudinalwellenmachine," *Pogg. Ann. d. Phys.*, **132** (1867), 174-176.

(43)　E. Ketteler, 注(40), *Pogg. Ann. d. Phys.*, **144**

(1871), p. 114.

(44)　W. Veltmann, "Fresnel's Hypothese zur Erklärung der Aberrationserscheinungen," *Astron. Nachr.*, **75** (1870), 145-160; "Ueber die Fortpflanzung des Lichtes in bewegten Medien," *Astron. Nachr.*, **76** (1870), 129-144; "Ueber die Fortpflanzung des Lichtes in bewegten Medien," *Pogg. Ann. d. Phys.*, **150** (1873), 497-535.

(45)　W. Veltmann, 注(44), *Pogg. Ann. d. Phys.*, **150** (1873), p. 498.

(46)　*Ibid.*, pp. 499-500.

(47)　*Ibid.*, p. 501.

(48)　G. B. Airy, "On a Supposed Alteration in the Amount of Astronomical Aberration of Light, Produced by the Passage of Light through a Considerable Thickness of Refractive Medium," *Phil. Mag.* (4), **43** (April 1872), 310-313; "Additional Note to the Paper 'On a Supposed Alteration……'," *Phil. Mag.* (4), **45** (April 1873), 306.

(49)　M. Hoek, "Détermination de la vitesse avec laquelle est entraînée une onde lumineuse traversant un milieu en mouvement," *Arch. néerl.*, **3** (1868), 180-185; "Détermination de la vitesse avec laquelle est entraîné un rayon lumineux traversant un milieu en mouvement," *ibid.*, **4** (1869), 443-450.

(50)　E. Mascart, "Sur les modifications qu'éprouve la lumière par suite du mouvement de la source lumineuse et du mouvement de l'observateur," *Ann. de l'École norm.* (2), **1** (1872), 157-214; **3** (1874), 363-420.

(51)　"Prix décerné. Année 1872. —Prix extraordinaires. Grand prix des sciences mathématique. Rapport lu et adopté dans la séance du 14 juillet 1873," *Comptes rendus*, **79** (28 dec. 1874), 1531-1534. 引用は pp. 1531-1532.

(52) E. Mascart, 注(50), *Ann. de l'École norm.* (2), **3** (1874), p. 418.

(53) 注(51), p. 1534.

(54) E. Mascart, 注(50), *Ann. de l'École norm.* (2), **3** (1874), p. 420.

(55) たとえば，A. Beer, "Ueber die Vorstellungen vom Verhalten des Aethers in bewegten Mitteln," *Pogg. Ann. d. Phys.*, **94** (1855), 428-434.

(56) J. Boussinesq, "Sur le calcul des phénomènes lumineux produits à l'intériur des milieux transparents animé d'une translation rapide, dans le cas ou l'observateur participe lui-même à cette translation," *Comptes rendus*, **76** (26 mai 1873), 1293-1296.

(57) 注(51), p. 1532.

(58) H. A. Lorentz, "Over den invloed, dien de beweging der Aarde op de lichtverschijnselen uitoefent," *Versl. Kon. Akad. Wet.*, **2** (1886), 297-327. フランス語訳，*Arch. néerl.*, **21** (1887), 103-176; *Collected Papers*, IV, 153-214.

(59) *Ibid.*; *Collected Papers*, IV, p. 153.

(60) J. C. Maxwell から W. Higgins へ，June 10, 1867. この手紙は後者の次の論文中に公刊された："Further Observations on the Spectra of the Stars and Nebulae, ……" *Phil. Trans.*, **158** (1868), 529-564 のうちの pp. 532-535.

(61) J. C. Maxwell, "Ether," *The Scientific Papers of James Clerk Maxwell*, II, pp. 763-775. 引用は p. 770.

(62) G. F. FitzGerald, "On Electromagnetic Effects Due to the Motion of the Earth," *Trans. Roy. Dublin Soc.*, **1** (1882), 319; *The Scientific Writings of the late George Francis FitzGerald*, 111-118.

(63) J. J. Thomson, "On Maxwell's Theory of Light," *Phil. Mag.* (5), **9** (April 1880), 284-291.

(64) Th. DesCoudres, "Ueber das Verhalten des Lichtäthers bei den Bewegung der Erde," *Wied. Ann. d. Phys.*, **38** (1889), 71-79.

(65) *Ibid.*, p. 72.

(66) *Ibid.*, p. 72.

(67) A. A. Michelson, "The Relative Motion of the Earth and the Luminiferous Ether," *Amer. Journ. Sci.* (3), **22** (Aug. 1881), 120-129. この実験および以下で述べるマイケルソン–モーリーの実験の詳しい叙述は Loyd S. Swenson, Jr., *The Ethereal Aether. A History of the Michelson-Morley-Miller Aether-Drift Experiments, 1880-1930,* University of Texas Press, Austin and London, 1972 を見よ。

(68) A. A. Michelson and E. W. Morley, "Influence of Motion of the Medium in the Velocity of Light," *Amer. Journ. Sci.* (3), **31** (May 1886), 377-386.

(69) *Ibid.*, p. 386.

(70) *Ibid.*, p. 379.

(71) A. A. Michelson and E. W. Morley, "On the Relative Motion of the Earth and Luminiferous Ether," *Amer. Journ. Sci.* (3), **34** (Nov. 1887), 333-345, esp. p. 334.

(72) *Ibid.*, p. 339.

(73) H. A. Lorentz, 注(58).

(74)　*Ibid.*, §24.

(75)　T. Hirosige, "Origins of Lorentz' Theory of Electrons and the Concept of the Electromagnetic Field," *Historical Studies in the Physical Sciences*, **1** (1969), 151-209 を見よ.

(76)　H. A. Lorentz, *Over de theorie der terugkaatsing en breking van het licht*, Academisch Proefschrift, Leiden, 1875; *Collected Papers*, I, 1-192. p. 87 を見よ.

(77)　H. A. Lorentz, "La théorie électromagnétique de Maxwell et son application aux corps mouvants," *Arch. néerl.*, **25** (1892), 363-552; *Collected Papers*, II, 164-343, esp. p. 228.

(78)　Lord Rayleigh, "Aberration," *Nature*, **45** (March 24, 1892), 499-502; *Scientific Papers*, III, 542-553, esp. p. 544.

(79)　*Ibid.*; *Scientific Papers*, III, p. 551.

(80)　O. J. Lodge, "Aberration Problems—A Discussion concerning the Motion of the Ether near the Earth, and concerning the Connexion between Ether and Gross Matter; with some new Experiments," *Phil. Trans.*, **A 184** (1893), 727-804; "Experiments on the Absence of Mechanical Connexion between Ether and Matter," *Phil. Trans.*, **A 189** (1897), 149-166.

(81)　*Ibid.*; *Phil. Trans.*, **A 184** (1893), p. 729.

(82)　*Ibid.*, p. 731.

(83)　*Ibid.*, p. 753.

(84)　L. Zehnder, "Ueber die Durchlässigkeit fester Körper für den Licht äther," *Wied. Ann. d. Phys.*, **55** (1895), 65-81.

(85)　R. Reiff, "Die Fortpflanzung des Lichtes in bewegten Medien nach der electrischen Lichttheorie," *Wied. Ann. d. Phys.*, **50** (1893), 361-367.

(86)　T. Hirosige, 注 (75), pp. 161-167 を見よ.

(87)　H. von Helmholtz, "Folgerungen aus Maxwell's Theorie über die Bewegung des reinen Aethers," *Wied. Ann. d. Phys.*, **53** (1893), 135-143.

(88)　J. Larmor, *Aether and Matter. A Development of the Dynamical Relations of the Aether to Material Systems, on the Basis of the Atomic Constitution of Matter, Including a Discussion of the Influence of the Earth's Motion on Optical Phenomena*, Cambridge, 1900, p. 19.

(89)　W. C. Henderson and J. Henry, "Experiments on the Motion of the Ether in an Electromagnetic Field," *Phil. Mag.* (5), **44** (July 1897), 20-26.

(90)　A. A. Michelson, "The Relative Motion of the Earth and the Ether," *Amer. Journ. Sci.* (4), **3** (June 1897), 475-478.

(91)　H. A. Lorentz, "Over de terugkaating van licht door lichamen die zich bewegen," *Versl. Kon. Akad. Wet.,* **1** (1892), 28-31; "De relative beweging van de aarde en den aether," *ibid.,* **1** (1892), 74-79; "De aber-ratietheorie van Stokes," *ibid.,* **1** (1892), 97-103; "Over den infloed van de beweging der aarde op de voort-planting van het licht in dubbelbrekende lichamen," *ibid.,* **1** (1893), 149-154. これらの論文の英訳はそれぞれ *Collected Papers*, IV, 215-218, 219-223, 224-231, 232-236.

(92)　H. A. Lorentz, *Versuch einer Theorie der elec-trischen und optischen Erscheinungen in bewegten*

Körpern, E. J. Brill, Leiden, 1895; *Collected Papers*, V, 1-138.

(93)　ローレンツの状態対応の定理については，広重徹「世紀交代期における電磁理論」，『科学史研究』，II-5，No. 80 (1966)，179-190；II-6，No. 81 (1967)，19-32，とくにII-5，pp. 187-188 を見よ．

(94)　H. A. Lorentz, 注(92)，*Collected Papers*, V, p. 1.

(95)　*Ibid.*, pp. 1-3.

(96)　*Ibid.*, p. 7.

(97)　W. Voigt, "Theorie des Lichtes für bewegte Medien," *Gött. Nachr.*, 1887, 177-238; *Wied. Ann. d. Phys.*, **35** (1888), 370-396, 524-551.

(98)　F. Klein から Lorentz へ，20 October 1897, Algemeen Rijksarchief, den Haag, Lorentz 1.

(99)　L. Boltzmann から Lorentz へ，13 October 1897, Algemeen Rijksarchief, den Haag, Lorentz 1.

(100)　Klein から Lorentz へ，注(98).

(101)　Boltzmann から Lorentz へ，注(99).

(102)　Lorentz から Boltzmann へ，20 October 1897, Algemeen Rijksarchief, den Haag, Lorentz 1.

(103)　G. L. de Haas-Lorentz, ed., *H. A. Lorentz—Impressions of His Life and Work*, North-Holland, Amsterdam, 1957, p. 89.

(104)　*Verhandlungen der Gesellschaft deutscher Naturforscher und Ärzte*, **70** (1898), 2. Teil, 1. Hälfte, p. 83.

(105)　DesCoudres から Lorentz へ，18 November 1898, Algemeen Rijksarchief, den Haag, Lorentz 1.

(106)　M. Planck から Lorentz へ，21 October 1898, Algemeen Rijksarchief, den Haag, Lorentz 1. このプランクの考えは論文としては公表されなかったが，次のローレ

ンツの論文の中で紹介・検討されている：H. A. Lorentz, "De aberratietheorie van Stokes in de onderstelling van een aether niet overal dezelfde dichtheid heeft," *Versl. Kon. Akad. Wet.*, **7** (1899), 523-529. フランス語訳は *Arch néerl.* (2), **7** (1902), 81-87; *Collected Papers*, IV, 245-251.

(107)　W. Wien, "Ueber die Fragen, welche die translatorische Bewegung des Lichtäthers betreffen," *Verh. Ges. Deutsch. Naturf. Ärzte*, **70** (1898), II-1, 49-56. この報告の全文は，*Wied. Ann. d. Phys.*, **65** (1898), Beilage, i-xviii.

(108)　*Ibid.*; *Wied. Ann. d. Phys.*, **65** (1898), Beilage, xvii-xviii.

(109)　H. A. Lorentz, "Die Fragen, welche die translatorische Bewegung des Lichtäthers betreffen," *Verh. Ges. Deutsch. Naturf. Ärzte*, **70** (1898), II-1, 56-65; *Collected Papers,* VII, 101-115.

(110)　*Ibid.*; *Verh. Ges. Deutsch. Naturf. Ärzte*, **70** (1898), II-1, p. 56.

(111)　*Ibid.*, p. 59.

(112)　*Ibid.*, p. 64.

(113)　*Verh. Ges. Deutsch. Naturf. Ärzte*, **70** (1898), II-1, p. 65.

(114)　G. Mie, "Ueber mögliche Aetherbewegungen," *Wied. Ann. d. Phys.*, **68** (1899), 129-134; "Ueber die Bewegung eines als flüssig angenommenen Aethers," *Phys. Zeits.*, **2** (1901), 319-325.

(115)　H. Haga, "Ueber den Versuch von Klinkerfues," *Arch. néerl.* (2), **5** (1900), 583-586, "L'expérience de Klinkerfues," *ibid.*, **6** (1901), 765-772.

(116)　W. Klinkerfues, 注(39), *Astron.　Nachr.*, **76**
(1870), 33-38.

(117)　R. Wachsmuth und O. Schönrock, "Beiträge zu
einer Wiederholung des Mascart'schen Versuches,"
Verh. Deutsch. Phys. Ges., **4** (1902), 183-188.

(118)　Egon R. v. Oppolzer, "Erdbewegung und Ae-
ther," *Ann. d. Phys.* (4), **8** (1902), 898-907.

(119)　H. L. Fizeau, "Constation du mouvement de la
terre par les radiations calorifiques," *Cosmos*, **1** (1853),
689-692; *Pogg. Ann. d. Phys.*, **92** (1854), 652-655.

(120)　A. H. Bucherer から Lorentz へ, 15 February
1902; 6 April 1902; 8 December 1902, Algemeen Ri-
jksarchief, den Haag, Lorentz 2. H. A. Lorentz, "The
Intensity of Radiation and the Motion of the Earth,"
Proc.　Roy.　Acad.　Amsterdam, **4** (1902), 678-681;
Collected Papers, V, 167-171. オランダ語の原文は *Versl.
Kon. Akad. Wet.*, **10** (1902), 804-808. A. H. Buche-
rer, "Über den Einfluss der Erdbewegung auf die In-
tensität des Lichtes," *Ann.　d.　Phys.* (4), **11** (1903),
270-283.

(121)　P. Nordmeyer, "Über den Einfluss der Erdbewe-
gung auf die Verteilung der Intensität der Licht- und
Wärmestrahlung," *Ann. d. Phys.* (4), **11** (1903), 284-
302.

(122)　W. Wien, "Über einen Versuch zur Entscheidung
der Frage, ob sich der Lichtäther mit der Erde be-
wegt oder nicht," *Phys. Zeits.*, **5** (1904), 585-586. A.
Schweitzer, "Über die experimentelle Entscheidung der
Frage ob sich der Lichtäther mit der Erde bewegt oder
nicht," *Phys. Zeits.*, **5** (1904), 809-811.

(123)　A. A. Michelson, "Relative Motion of Earth and Aether," *Phil. Mag.* (6), **8** (Dec. 1904), 716-719.

(124)　Lord Kelvin, "Nineteenth Century Clouds over the Dynamical Theory of Heat and Light," *Phil. Mag.* (6), **2** (July 1901), 1-40; *Journ. Roy. Inst.*, **16** (1902), 363-397; 後者の復刻：*The Royal Institution Library of Science, Physical Series*, Vol. 5, Elsevier, London, 1970, pp. 324-358, esp. p. 324.

(125)　F. T. Trouton, "The Results of an Electrical Experiment, Involving the Relative Motion of the Earth and Ether, Suggested by the late Prof. FitzGerald," *Trans. Roy. Soc. Dublin* (2), **7** (1902), 379-384; *The Scientific Writings of G. F. FitzGerald*, 557-565.

(126)　F. T. Trouton and H. R. Noble, "The Mechanical Forces Acting on a Charged Condenser Moving through Space," *Phil. Trans.*, **A 202** (1904), 165-181.

(127)　Lord Rayleigh, "Is Rotatory Polarization Influenced by the Earth's Motion ?" *Phil. Mag.* (6), **4** (Aug, 1902), 215-220; *Scientific Papers*, V, 58-62.

(128)　Lord Rayleigh, "Does Motion through the Aether Cause Double Refraction ?" *Phil. Mag.* (6), **4** (Dec. 1902), 678-683; *Scientific Papers*, V, 63-67.

(129)　D. B. Brace, "On Double Refraction in Matter Moving through the Aether," *Phil. Mag* (6), **7** (April 1904), 317-329.

(130)　J. Larmor, "On the Ascertained Absence of Effects of Motion through the Aether, in Relation to the Constitution of Matter, and of the FitzGerald-Lorentz Hypothesis," *Proc. Phys. Soc. London*, **18** (1904), 253-258; *Mathematical and Physical Papers*, II, 274-

280.

(131)　D. B. Brace, "The Aether 'Drift' and Rotary Polarization," *Phil. Mag.* (6), **10** (Sept. 1905), 383-396.

(132)　D. B. Brace, "A Repetition of Fizeau's Experiment on the Change Produced by the Earth's Motion in the Rotation of a Refracted Ray," *Phil. Mag.* (6), **10** (Nov. 1905), 591-599.

(133)　E. W. Morley and D. C. Miller, "On the Theory of Experiments to Detect Aberrations of the Second Degree," *Phil. Mag.* (6), **9** (May 1905), 669-680; "Report of an Experiment to Detect the FitzGerald-Lorentz-Effect," *ibid.*, 680-685.

(134)　H. A. Lorentz, "Vereenvoudige theorie der electrische en optische verschijnselen in lichamen die zich bewegen," *Versl. Kon. Akad. Wet.*, **7** (1899), 507-522. フランス語訳は *Collected Papers*, V, 139-155. この論文で述べられた理論の内容については，広重，注(93)，II-6, No. 81 (1967), pp. 21-22 を見よ.

(135)　J. Larmor, "A Dynamical Theory of the Electric and Luminiferous Medium. Part III: Relations with Material Media," *Phil. Trans.*, **A190** (1897), 205-300; *Mathematical and Physical Papers*, II, 11-132. ラーモアの理論については，広重，注(93)，II-5, No. 80 (1966), pp. 184-186 を見よ.

(136)　J. Larmor, 注(88), pp. 173-179.

(137)　*Ibid.*, p. 173.

(138)　広重，注(93)，II-6, No. 81 (1967), pp. 20, 23.

(139)　H. Poincaré, "Relation entre la physique expérimentale et la physique mathématique," *Rapports présentés au Congrès international de Physique en 1900*,

Paris, 1900, tome 1, 1-29; *La science et l'hypothèse*, Paris, 1902, chap. 9 et 10.

（140）　H. A. Lorentz, "Electromagnetic Phenomena in a System Moving with Any Velocity Smaller than That of Light," *Proc. Roy. Acad. Amsterdam*, **6**（1904）, 809-831; *Collected Papers*, V, 172-197, esp. p. 174. オランダ語の原文は, *Versl. Kon. Akad. Wet.*, **12**（1904）, 986-1009.

（141）　H. Poincaré, "Sur la dynamique de l'électron," *Comptes rendus*, **140**（le 5 juin 1905）, 1504-1508; *Œuvres de Henri Poincaré*, IX, 489-493. "Sur la dynamique de l'électron," *Rendiconti del Circolo mat. di Palermo*, **21**（1906）, 129-176; *Œuvres*, IX, 494-550.

（142）　O. J. Lodge, "Note on Mr. Sutherland's Objection to the Conclusiveness of the Michelson-Morley Aether Experiment," *Phil. Mag.*（5）, **46**（Sept. 1898）, 343-344, esp. p. 344.

（143）　O. J. Lodge, "On the Question of Absolute Velocity and on the Mechanical Function of an Aether, with Some Remarks on the Pressure of Radiation," *Phil. Mag.*（5）, **46**（Oct. 1898）, 414-426.

（144）　D. B. Brace, "The Negative Results of Second and Third Order Tests of the 'Aether Drift' and Possible First Order Methods," *Phil. Mag.*（6）, **10**（July 1905）, 71-80, esp. p. 72.

（145）　F. Hasenöhrl, "Zur Theorie der Strahlung in bewegten Körpern," *Ann. Phys.*（4）, **15**（1904）, 344-370; **16**（1905）, 589-592.

（146）　たとえば, H. Poincaré, "La dynamique de l'électron," *Revue gén. des Sci.*, **19**（1908）, 386-402;

Œuvres, IX, 551–586.

初出:『科学史研究』No. 110 (1974),65–73;
No. 111 (1974),104–115.

相対性理論の起原
—自然観の転換としての—

1 序　論

　相対性理論の誕生に対するローレンツ(H. A. Lorentz)および ポアンカレ(H. Poincaré)の寄与をめぐる議論が, ここ 20年ほど続いている. その発端は 1953年に出版されたホイッタカー(Edmund Whittaker)の『エーテルと電気の理論の歴史, II. 現代の理論 1900〜1926』であった. ホイッタカーはそこで "空間における絶対静止の概念は, 1900〜04年にポアンカレ-ローレンツの相対性理論によって, 根拠のないことが示された"[1] と述べ, アインシュタイン(A. Einstein)には, ポアンカレ-ローレンツの理論に "いくらか拡張を加え, [そのことによって]多くの注目を向けさせた"[2] と2次的な役割しかふりあてなかったのである. ボルン(M. Born)が 1955年7月, 相対論 50年記念会議の講演でこれに批判を加えたのを手始めに[3], その後多くの人がホイッタカーの解釈への賛否両論をとなえた. ランゲ(Heinrich Lange)[4], ケスワニ(G. H. Keswani)[5] らはホイッタカー

に賛成して，ポアンカレが相対性理論の主要結果を得ていたと述べた．スクリブナー（C. Scribner）[6] は，ホイッタカーの論を極端だとしつつも，ポアンカレの貢献を肯定した．他方，カハン（T. Kahan）[7]，ホルトン（Gerald Holton）[8]，ゴールドバーグ（Stanley Goldberg）[9]，シャフナー（Kenneth Schaffner）[10]，トヌラ（M. A. Tonnelat）[11]，ミラー（Arthur Miller）[12] らは，ローレンツ–ポアンカレの理論とアインシュタインの相対論との違いを指摘して，ホイッタカーを論駁した．スタロセリスカヤ゠ニキチーナ（O. A. Starosel'skaja-Nikitina）[13] も，ホイッタカーには言及していないが，ポアンカレが相対論に到達しえなかった事情について論じた．私自身も簡単にこの問題にふれたことがある[14]．

　これらの議論をとおして，ローレンツとポアンカレの理論は相対性理論では**なかった**こと，そして彼らは結局，相対論を受け容れなかったのであること，がほぼ決定的に明らかにされたとみてよい．しかし，ローレンツ–ポアンカレ理論とアインシュタイン理論との差異の源泉，言葉を換えれば，アインシュタイン独自の革新の根源，がどこにあったかという問題については，まだ多くの論ずべきことが残されている．

　ホルトンが広汎な資料の検討にもとづいて結論したように[15]，マイケルソン–モーリーの実験はアインシュタインの理論の成立にとって crucial〔決定的〕でなかった．それに対してローレンツ，ポアンカレおよび当時の大多数の物理学

者にとっては，この実験はもっとも重要な攻撃目標の1つ
であった．この違いは，アインシュタインとローレンツら
とでは追求した問題がまったく違っていた[16] ことに由来す
る．つまり，アインシュタインは当時の物理学の状況のなか
に，ローレンツやポアンカレとは異なる問題を基本的な問題
として見出していたのである．アインシュタインが状況を見
る眼は，ローレンツらのそれとは違っていた．そこには視座
の転換があった．それはどのような転換であったか．また，
それをもたらした要因は何であったのか．

　これらの問題に答えるためには，ローレンツ-ポアンカレ
理論の目標と構成をアインシュタイン理論のそれと対比して
みることから始めなければならない．2つの理論の比較は，
先に引用した科学史家たちが大なり小なり行なっており，こ
こでまたそれを行なうのは屋上屋を重ねるきらいがないでも
ない．しかし，以下の議論のためには，少なくとも私自身の
観点からみて重要と考えられる点を整理して提示しておくこ
とが都合がよいであろう．その対比から浮かびあがってくる
のは，力学的自然観への批判とそこからの脱却という観点か
ら，アインシュタインがマッハ(Ernst Mach)から受けた影
響を評価し直すことの重要性である．

2　ローレンツの理論

　ローレンツがつくりあげポアンカレによって数学的に整
備された理論は，前の論文[17] で検討した19世紀のエーテ

ル問題への解答であった．世紀の代り目ごろのエーテル問
題は，物質とエーテルの関係の追求をめぐって展開してい
た．多数の実験と理論的考察とは，エーテルと可秤量物質が
運動に関して互いに独立であることを示していた．しかし
他方で，そうだとすれば当然存在するはずの地球とエーテ
ルの相対運動の電磁・光学現象への影響を実験的に見出そう
とする試みはすべて成功しなかった．この矛盾を解決したの
が，ローレンツの電子論であった．それは，前者の結論にし
たがって静止エーテルを前提におき，静止エーテルの電磁的
状態を記述するマクスウェル方程式を基礎とする．物体を形
づくる荷電粒子と電磁場の相互作用は粒子のエーテルに対
する運動に依存するから，実験装置が地球とともにエーテル
に対して運動すれば，装置内で生ずる電磁現象はその影響を
受ける．しかしローレンツはその結果生ずるいくつかの効果
が互いに打ち消し合うために，全体として運動の影響は検出
できないということを示したのである．彼が 1903 年にクラ
イン（Felix Klein）の編集する『数理科学百科全書』のため
に書いた電子論の総説から，そのような議論の 1 例を示そ
う[18]．

　地球とともに運動する導体に電流 $I = \overline{\rho u}$ が流れている
とする．u は導体に固定した座標系における電荷 ρ の速度，
バーは平均を表わす．この運動座標系では，単位電荷に働く
電気力は

$$\boldsymbol{d}' = -\frac{1}{c}\dot{\boldsymbol{a}}' - \operatorname{grad}\varphi' + \frac{1}{c}\operatorname{grad}(\boldsymbol{w}\cdot\boldsymbol{a}')$$

である. $\boldsymbol{w}$ は地球の速度, φ', $\boldsymbol{a}'$ は

$$\Delta\varphi' - \frac{1}{c^2}\ddot{\varphi}' = -\rho,$$

$$\Delta\boldsymbol{a}' - \frac{1}{c^2}\ddot{\boldsymbol{a}}' = -\frac{1}{c}\rho\boldsymbol{u}$$

によって決まる. $\bar{\rho}=0$ であるから $\bar{\varphi}'=0$ と予想される. しかし, $\bar{\boldsymbol{a}}'$ は $\boldsymbol{I}$ からの寄与があるから 0 ではありえない. したがって, 導体の外部にある電荷には地球運動の影響で

$$\bar{\boldsymbol{d}}' = \frac{1}{c}\operatorname{grad}(\boldsymbol{w}\cdot\bar{\boldsymbol{a}}') \qquad (1)$$

という電気力が働くはずである. しかし, もちろんそういう力は実験的に認められない. その理由は, 力(1)が導体中の電荷にも働くことに注意すれば見出される. この力のために導体中に $\bar{\rho}'=\frac{1}{c^2}(\boldsymbol{w}\cdot\boldsymbol{I})$ という電荷を生じ, これが $\bar{\varphi}'$ に $\frac{1}{c}(\boldsymbol{w}\cdot\bar{\boldsymbol{a}}')$ という値を与える. この $\bar{\varphi}'$ から $\bar{\boldsymbol{d}}'$ への寄与がちょうど(1)と相殺する.

　このような相殺を個々の場合に確かめるというやり方では, しかし, 運動の影響が見出せないことを一般的に主張することはできない. そこでローレンツは "状態対応の定理" に訴える. これは, エーテルに対して動いている物理系の中で生ずる現象を, 適当な変数変換によって, エーテル

に対して静止する系のなかでの現象であるかのような形に表現し直して論ずる方法，といってよい．状態対応の定理は (w/c) の 1 次の範囲では 1895 年に見出された[19]．その後，短縮仮説を理論のなかに織りこむことによってマイケルソン-モーリーの実験を説明したが，1903 年にはなお，本質的には 1 次までの近似理論にとどまっていた．ローレンツは上に引用した総説（1903 年 12 月に書き終えた）の結論で，理論の現状を次のように要約している[20]：分子間力がエーテルに対する運動によって電気力と同じように変化すると仮定すれば，物体の短縮が導かれ，トルートン-ノーブルの実験も説明されるであろう．しかし，この説明の欠点は分子の熱運動をまったく無視していることである．物質的質量にも電磁質量と同様の速度による変化を認めれば，この難点を克服することができるかもしれない．しかし，ポアンカレがパリの国際会議（1900）で，新しい現象ごとにそれに合わせた仮説を作るというやり方を非難したのは正しい．2, 3 の基本的仮定によって，地上の電磁現象が運動によらないことを一般的に示す理論が望まれる，と．

　この希望をみずから実現したのが，翌 1904 年のローレンツの理論[21]にほかならない．この理論の基礎は，エーテルに対して静止した座標系 (x, y, z) で成り立つマクスウェル方程式

$$\left.\begin{array}{ll} \operatorname{div} \boldsymbol{d} = \rho, & \operatorname{div} \boldsymbol{h} = 0, \\[2mm] \operatorname{curl} \boldsymbol{h} = \dfrac{1}{c}\left(\dfrac{\partial \boldsymbol{d}}{\partial t} + \rho \boldsymbol{v}\right), \\[2mm] \operatorname{curl} \boldsymbol{d} = -\dfrac{1}{c}\dfrac{\partial \boldsymbol{h}}{\partial t} \end{array}\right\} \qquad (2)$$

と，電荷に働く力を表わす

$$\boldsymbol{f} = \boldsymbol{d} + \frac{1}{c}[\boldsymbol{v}\boldsymbol{h}] \qquad (3)$$

である．ここに $\boldsymbol{v}$ は，（エーテルに対する）静止座標系における電荷の速度である．さてわれわれの目的は，x 軸方向に一定の速さ w で並進運動している物理系の中で生ずる電磁現象を調べて，それらが運動の影響を示さないことを証明することである．この課題を静止座標系における(2), (3)式を用いて果たそうとすると，いたずらな錯綜にまきこまれる．そこで，次の数学的補助変数を導入する：

$$\left.\begin{array}{ll} x' = kl(x - wt), & y' = ly, \\[2mm] z' = lz, & t' = kl\left(t - \dfrac{w}{c^2}x\right), \end{array}\right\} \qquad (4)$$

ただし

$$k = \frac{1}{\sqrt{1 - w^2/c^2}},$$

$$d'_x = \frac{1}{l^2} d_x, \qquad d'_y = \frac{k}{l^2} \left(d_y - \frac{w}{c} h_z \right),$$

$$d'_z = \frac{k}{l^2} \left(d_z + \frac{w}{c} h_y \right),$$

$$\left. h'_x = \frac{1}{l^2} h_x, \qquad h'_y = \frac{k}{l^2} \left(h_y + \frac{w}{c} d_z \right), \right\} \quad (5)$$

$$h'_z = \frac{k}{l^2} \left(h_z - \frac{w}{c} d_y \right),$$

および，電荷密度と物理系に対する電子の相対速度 $\boldsymbol{u}$ ($\boldsymbol{v} = \boldsymbol{w} + \boldsymbol{u}$) とに対して

$$\left. \begin{array}{l} \rho' = \dfrac{1}{kl^3} \rho, \\[2mm] u'_x = k^2 u_x, \qquad u'_y = k u_y, \qquad u'_z = k u_z. \end{array} \right\} \quad (6)$$

これらを (2), (3) に代入すると，ダッシュのついた変数に対して (2), (3)，すなわち，エーテル中の静止座標系におけるマクスウェル方程式とほとんど同じ形の式が得られる．これは，(4), (5) が相対性理論におけるローレンツ変換と同じ形をしていることから，われわれには当然予想されたところである．"ほとんど同じ" であって "正確に同じ" でないのは，(6) が相対論的な速度の変換式と異なるためである．

考えている物理系 Σ をつくっている諸粒子の位置が相対座標 $x_r = x - wt$, $y_r = y$, $z_r = z$ で表わされているとして，座標 $x = klx_r$, $y = ly_r$, $z = lz_r$ をもつエーテル中に静止し

た同じ粒子からなる系 Σ' を想像する. Σ' は Σ を x 方向に kl 倍, y, z 方向に l 倍に引き伸ばしたものになっている. そうすると, 上の変数変換によって得た方程式は, ちょうどこの Σ' に対する真正の電磁方程式になっている. こうして, 次数に制限のない状態対応の定理が得られるわけであり, われわれはエーテル中に静止した系 Σ' を考察することによって本来の問題を解くことができる. しかし, 問題を全面的に解決するためには, なおいくつかの仮定を導入しなければならない. まず, エーテルに対して速度 w で運動する電子は運動方向に $1/kl$, それに直角な方向に $1/l$ の割合で短縮すると仮定する. 第 2 に, 分子間力は運動によって静電気力と同じ変化を受けるものとする. これによって, 巨視的物体の短縮が導かれる. 第 3 に, 電子の質量はすべて電磁的であるとする. そうすると, 上の仮想的な系 Σ' の状態が現実にも生じうるものでなければならないという要請から, $l=1$ が結論される. したがって, 物体や電子の短縮, Σ から Σ' へ移るときの変形は, いずれも運動方向にのみ生ずる. 第 4 に, すべての粒子の質量は運動によって電子の電磁質量と同じように変化すると仮定する. この仮定によって, 分子の熱運動があるときにも状態対応が保証される.

　この 1904 年の理論では, 運動の影響が現われないことは状態対応の定理を使って一般的に示され, 複数の効果の相殺をじっさいに示すというやり方はしない. しかし, その根底にある考え方は, 運動の影響はそもそも存在しないので

なく，存在はするが互いに相殺するために実験的に検出できないということであった．ローレンツは 1906 年にコロンビア大学で電子論について講義し，その内容を 1909 年に『電子論』として出版した．その最後の章でローレンツは自分の 1904 年の理論を詳しく解説したあと，アインシュタインの理論との違いを，後者がマイケルソン（A. A. Michelson）らの "実験の否定的な結果のなかに，反対の効果の偶然的な打ち消し合いでなく，一般的な基本原理の表明をみてとった"[22] ことに求めているのである．

3　ポアンカレの "相対性原理"

　ローレンツの 1904 年の理論はポアンカレによって熱心に迎えられた．ポアンカレは翌 1905 年ローレンツ理論に詳しい検討を加え，数学的に洗練された形をそれに与えるとともに，変形する電子の安定性を論じ，ローレンツ理論の重力への拡張を試みた[23]．彼はいわゆるローレンツ変換が群をつくることを示しただけでなく，その議論において暗示的には 4 次元表示さえ導入している[24]．そのうえ彼は以前から "相対性原理" le principe de relativité を唱えていた．ローレンツ理論を歓迎したのも，それが "相対性原理" を実現するものであったからである．ホイッタカーおよび彼に与する人々がポアンカレを相対性理論の創始者とみるのは，これらの事実によるものである．しかしポアンカレのいう "相対性原理" は，その内容および理論の中に占める位置からいっ

て，今日の相対性理論において理解されるような相対性原理と同一視することはできない．ポアンカレはエーテル問題の探求の現状を分析して，そこから1つの経験的な法則としての "相対性原理" を予測し，それを説明ないし証明するような理論を待望したのである．

ポアンカレが初めて "相対性原理" について述べたのは1895年であった．彼は多くの経験事実をまとめると次のように定式化することができるといったのである： "物質の絶対運動，あるいはむしろ可秤量物質のエーテルに対する相対運動を明らかにすることは不可能である"[25]．ついで1899年ソルボンヌでの講義では次のように述べた： "おそらく光学現象は，そこに存在する物体の相対運動にしか依存しない，と私は考えている"[26]．この "原理" は，しかし，理論の出発点となるものでなく，理論によって証明されねばならない： "よくできた理論はこの原理を一挙に，全く厳密に証明する（démontrer）ことを許すものでなければならぬだろう"[27]．ここで， "一挙に，全く厳密に" というのは，ポアンカレが現存理論中もっともよいとみなしたローレンツの理論でさえ，1次近似で，しかも新しい実験結果ごとに新しい仮説を導入しなければならないのを批判して，近似なしに，すべての場合に対する証明を与える理論を要望したのである．同じ要望は，翌年のパリの国際物理学会議でも表明された． "いっそう精密な観測がいつか物体の相対変位以外のものを明るみに出しうるとは……私は信じない"[28]．すべ

ての次数に対して "1つの同じ**説明**を見出さねばならない．
……この説明は高次の項に対しても同様にあてはまるであ
ろう．……これらの項の**相互の打ち消し合い**は厳密かつ絶対
的であろう（太字は引用者）"⁽²⁹⁾．このポアンカレの要望が
ローレンツによって真剣に受けとめられ，後者の1904年の
理論への推進力となったことは，ローレンツの先に引用し
た『数理科学百科全書』での結論，および1904年の論文の
序論⁽³⁰⁾によって明らかである．と同時に上の引用文の太字
部分は理論の物理的解釈においてポアンカレがローレンツに
まったく一致していたことを示している．運動の影響はそも
そも存在しないのではなく，相殺によって現われないのであ
る．

"相対性原理" という言葉は，ポアンカレが1904年9月，
セント・ルイスにおける国際芸術・科学会議で行なった講演
ではじめて使われた．彼は "相対性原理" を次のように定式
化した："物理現象の諸法則は，静止した観測者に対してで
あれ，一様な並進運動をしている観測者に対してであれ，同
一でなければならない"⁽³¹⁾．これは一見アインシュタイン
の相対性原理に似通った表現であるが，実験的に否定される
ことのありうる "経験的真理" vérité expérimentale⁽³²⁾な
のである．じっさい，このセント・ルイス講演でポアンカレ
が意図したのは，物理学の諸原理が最近の物理学の進歩によ
ってゆらいでいるという危機を診断することであった．この
講演は，翌年のアインシュタインの議論を思わせる光信号に

よる時計の同期化の議論[33] によってもしばしば注目されている．しかし，これもその精神はアインシュタインとまったく異なり，ローレンツに一致するのである．彼がそこで主張しようとしたのは，観測者が運動しているときには，光信号で合わせた時計は（光の速さがもはや一定でないから）真の時間より遅れるか進むかしており，自己の場所でのみ通用する局所時しか示さないこと，しかし自分の時計の他には時間を知る手段がないから，そのことを検出することはできないこと，であった．

　ポアンカレは 1908 年の論文「電子の力学」で[34]，"相対性原理" とローレンツ理論の関係を詳しく論じている．まず "相対性原理" の内容は次のように述べられている："いかなる手段を使用しても，けっして相対速度以外を見出すことはできないであろう．相対速度とは，ある物体の他の物体に対する速度の意味である"[35]．ローレンツ理論では，局所時と真の時刻との差が短縮から生ずる効果と厳密に相殺して，運動による光速の変化は見出せないことが示される．ポアンカレはそのことを詳しく具体的に示したうえで，"相対性原理は自然の一般法則であるという印象を逃れることは不可能である"[36] と結論した．このように，ポアンカレにとっての "相対性原理" は経験から推測される法則であり，1909 年のフランス科学振興協会での非専門家向け講演で述べたように，"それは何故かを説明しなければならぬ"[37] ものであった．彼が 1912 年，死の直前に高等郵便電信学校で行な

った講義は[38], ポアンカレが最後までローレンツ理論の精神, 相殺理論の観点に忠実であったことを示していて興味深い. 彼はそこで, 局所時と短縮仮説にもとづくローレンツ理論が "すべての光学実験においてみられる完全な相殺を説明" し, "同様に電磁現象においても相殺が生じ……相対性原理は完全に正確であることを人々は信ずるに至る"[39] ことを詳しく説明しているのである.

以上の検討を要約的にくり返すと, ローレンツ-ポアンカレの理論は電磁現象への運動の影響の非存在を頭から要請するものではなかった. 彼らの理論の前提に従えば, 原理的に運動はなんらかの影響を生じうる. しかし, いくつかの効果が厳密に相殺するために, 運動の影響を実験的にとらえることは不可能である. このことをいくつかの基本仮定にもとづいて厳密かつ一般的に説明する理論, それが彼らが10年間以上にわたって求め, 1904〜05年に完成した理論であった.

4 アインシュタインの見出した問題

アインシュタインがその相対性理論[40]で解決しようとした問題は, 前節および前々節でみたようなローレンツ-ポアンカレ理論が追求した課題とはまったく異なるものであった. それは, 運動の影響が見出されない理由を説明することを目的としない. したがって, アインシュタインの理論における相対性原理は, 理論の基礎から導かれるべき法則ではな

く，公準として要請される．彼は 1905 年の論文の序論第 2 段で，次のように言明している："われわれは……力学の方程式が妥当するすべての座標系に対してはまた，同じ電気力学および光学の法則が妥当する……という推測に導かれる．この推測(その内容を以下では「相対性原理」とよぶ)を理論の前提にまでひきあげ(zur Voraussetzung erheben)ようと思う"[41]．アインシュタインの全理論は，この原理および光速度一定についての第 2 の公準とから理論的に導かれる．ローレンツ–ポアンカレ理論が解決しようとしていた問題は，もちろんアインシュタインの理論によっても解決される．というより，それは解消される．なぜなら，エーテル問題に関係するさまざまの実験の否定的な結果は，アインシュタイン理論の観点からすると，その基本的公準の具体化，その例証にすぎないからである．じっさいアインシュタインはその論文で，これらの実験について，"同様の実例"[42] がこの原理を支持すると抽象的に言及するにすぎない．相対性理論は，アインシュタインが後に語った言葉を借りれば，"原理から個々の過程あるいはその理論的描像のみたすべき，数学的に定式化された判断基準を導く原理理論 Prinziptheorie"[43] であった．それに対してローレンツ–ポアンカレ理論は，大部分の物理学理論がそれに属するとアインシュタインのいう"比較的簡単な基本となる理論形式から出発して，より複雑な現象の描像を構成しようとする構成的理論 konstruktive Theorie"[44] であった．

このように，ローレンツやポアンカレ，そして当時の大多数の物理学者が了解していた意味でのエーテル問題は，アインシュタイン理論の目標ではなかった．とすれば，アインシュタインが相対性理論をつくりあげたとき，彼にとっての根本問題は何であったのか．この問に答えるためには，まず彼自身の言葉に聞いてみなければならない．彼は何度かにわたって，彼を相対論にまで導いた思考の発展についてみずから語っている．それらは詳細な点まで系統だてて述べられているとはいえないが，互いにつきあわせて検討すれば，多くのことを明らかにしてくれる．まず，それらの発言をほぼ公刊あるいは記録された時期の順序に列挙してみよう．

〔1〕 心理学者ヴェルトハイマー(Max Wertheimer)がその著『生産的思考』で報告している彼とアインシュタインとの談話[45]．時期は 1916 年に始まる日々．

〔2〕 1916 年 3 月に書かれた E. マッハへの追悼文[46]．

〔3〕 1922 年 12 月 14 日，京都大学で西田幾多郎の申し出に応じて学生相手に即興的に語った「如何にして私は相対性理論を創ったか」[47]．

〔4〕 1931 年に出版されたライザー(Anton Reiser)による伝記[48]．アインシュタインが序文を寄せ，“著者は私をかなり親密に知っており……本書中の事実はほぼ正確である”と記している．著者は，ホルトンの調査によれば[49]，アインシュタインの義理の娘イルゼ(Ilse)の夫カイザー(Rudolf Kayser)である．

　〔5〕　1948年1月6日付，1952年3月6日付の旧友ベッソー（Michele Besso）への手紙[50].

　〔6〕　1949年の「自伝的覚え書」[51].

　〔7〕　シャンクランド（R. S. Shankland）によるインタビュー[52].

　〔8〕　ゼーリッヒ（Carl Seelig）による伝記（1954）[53] に引用されたいくつかのアインシュタインの手紙.

　〔9〕　1955年2月19日のゼーリッヒあて手紙[54].

　〔10〕　ホルトンが検討しているいくつかの談話や手紙[55].

　これらの資料がまず示しているのは，相対性理論へ向けてのアインシュタインの第1歩は，彼が16歳のとき〔1895年頃〕1つの思考実験に思いあたったときに踏み出されたということである（上記〔1〕，〔6〕，〔7〕）．スイス，アーラウの州立学校の生徒であった彼は，伝播する光を光速と同じ速さで追いかける観察者にはどんな現象が見えるだろう，と自問したのである．空間的にのみ変化している停留電磁場が見えるだろうか？　はじめからアインシュタインには，そのような観察者から見てもすべてが静止した観察者に対するのと同じ法則に従って生起する，ということは直観的に明白だと思われた（〔1〕，p. 218；〔6〕，p. 52）．いいかえると，彼は，このときすでに，やがて相対性原理へと発展するはずの考えをいだいたのである．しかしながら，当時の彼は "物理学の主要な問題は実験と観測で解決できると期待" する "純粋の経験主義者であった"（〔4〕，p. 54）．そこで彼はチューリヒ

の連邦工科大学の第2学年のときに（18〜9歳），地球が運動
しているために光速が変化するかどうかを検証することを企
てた（[1]，[2]，[3]）．反対向きに進む2本の光束の運ぶエ
ネルギーに差があるかどうかを熱電堆によって調べる実験を
計画したのである（[3]，p.79）．しかし，"先生たちの疑い
はあまりに大きく，進取の気性はあまりに小さ" かったため
に，じっさいに装置を作る機会がなかった（[4]，p.53）．こ
こでも注目されるのは，そのような実験を計画しながらも，
アインシュタインは実験が成功するとは期待していなかった
ということである．"そのような実験の計画にはいつも，現
実にそうなのだろうかとの疑念がつきまとっていた"（[1]，
p.214）．このとき彼はマイケルソン–モーリーの実験を知っ
ていなかった．しかし，のちにそれを知ったときにも，その
"結果は彼にとってなんら驚きでなかった．……むしろ，彼
の考えを確証するものと思われた"（[1]，p.217）．マイケル
ソン–モーリー実験の結果はアインシュタインにとって本質
的に新しいものを何も付け加えなかったというのは，ホルト
ンの詳しい考察の結論でもある[56]．アインシュタインはそ
もそもの始めから相対性原理を予感していたといってよかろ
う．

　光学および電磁気学の法則は観測者の運動によらないはず
だという予感をいだいたアインシュタインは，しばらくのあ
いだマクスウェル方程式の修正によってこの予感を内実化
することを試みた．"マクスウェル方程式がある系で妥当す

れば，他の系では妥当しない．……数年のあいだアインシュタインはマクスウェル方程式を研究し，変更することによって問題を解決しようと試み［たが］……うまく定式化することに成功しなかった"（[1]，p. 216）．彼は随伴係数についてのフィゾー（A. H. L. Fizeau）の実験をマクスウェル-ローレンツの方程式によって論ずることを試み，この方程式が"確かなものであり，正しい事実を示すことを信じました．しかもこの式が運動座標系においても成り立つということは，いわゆる光速度不変の関係を私たちに教える……しかしながら力学で知っている速度合成の法則と相容れません"（[3]，pp. 81～82）．"力学的運動の問題と電磁現象とを統一しようとどのように試みても，困難におちこんでしまった"（[1]，p. 216）．こうして彼は"ほとんど1年ばかり無効な考察に費やさねばなりませんでした"（[3]，p. 82）．このころ彼は光の放射説さえ考えてみたことがある（[7]，p. 49）．

　当時アインシュタインが苦慮していた問題をわれわれなりの言葉で言い直すと，それは，マクスウェル理論を修正することによって，相対運動だけが意味をもつような光および電磁現象の理論を見出すことであった．すなわち，彼が求めていたのは，運動の相対性ということに関して力学と電磁理論のあいだに調和ないし統一をもたらすことであった．これは理論の内容よりも，むしろ形式に関係する問題である．しかし，"経験論者"だったアインシュタインがそのことに気づくのは，プランク（M. Planck）の輻射公式の帰結に

ついて考察するようになってからのことである．彼は「自伝的覚え書」で次のように語っている：プランクの公式を見て彼は "輻射がエネルギー的にみて一種の分子的構造をもつ" ことを知った．"これはいうまでもなくマクスウェル理論に矛盾する．……この種の考察によって，1900 年の直後，つまりプランクの画期的な論文が出てまもなくの頃，力学も熱力学も（極限的な場合をのぞいて）正確な妥当性を要求することはできないことが私には明らかとなった．私はだんだんと，既知の事実にもとづいた**構成的な**（太字は引用者）努力によって真の法則を見つけ出すという可能性に絶望するようになった．努力が長びき絶望が深まるにつれて，私はますます，ある一般的な形式上の原理の発見のみが確実な結果に導くことができるだろうと確信するようになった．私が念頭においたお手本は熱力学［の第 1 種，第 2 種の永久機関不可能の原理］であった．……そのような原理は，私が早くも 16 歳のときにぶつかったパラドックスを 10 年間考えつめたことから生まれた"（[6]，pp. 50, 52）．この辺の事情に関して，死の 2 カ月前にゼーリッヒへ送った手紙では次のように述べている："ローレンツ不変性がすべての物理学理論に対する一般的条件であるという洞察……は私にとって特に重要であった．というのは，私はそれ以前からマクスウェル理論は輻射の微細構造を表現せず，それゆえ一般的に確実なものではないであろうということを認識していたからである"（[9]，p. 193）．ここにはアインシュタインみずからによっ

て，相対性理論と彼の量子論へのかかわり合いとの関係が語られているわけであるが，それを要約すれば，物理学の建て直しの必要について思索を重ねた結果，彼が数年前から予感していた相対性原理の深い意味を認識するに至った，ということであろう．

マクスウェル理論を相対性原理と調和させることは，いうまでもなく，時間についての伝統的な観念を訂正することなしには不可能である．"この中心点を見出すために必要であった批判的な思考は，私の場合，ヒューム（David Hume）およびマッハの哲学的著作を読むことによって決定的に促進された"（[6]，p. 52. また[2]，p. 102；[5]，pp. 391，464；[8]，pp. 59～60 をみよ）．相対性理論の最初の論文は，彼が時間概念の変更ということに思い至ってから5～6週間のうちに完成した（[1]，pp. 214，219；[3]，pp. 82～83；[8]，p. 82）．

1905 年のアインシュタインの相対性理論の第1論文でもっとも顕著なことは，それが現行の形の電磁理論は運動に関して非対称を含むという指摘から始まっていることである．それに続いて，電磁理論からこの非対称をとり除くための要請として相対性原理が導入される．そうすることによって，電気力学においても力学と同じく運動の相対性を保証しようとするのである．したがって，アインシュタインの 1905 年の理論は，電気力学と力学のあいだにある，運動の相対性に関する形式的不整合をとり除く企て，すなわち，運動の相対

性に関して2つの理論を統一する企て，として提出されているといわねばならない．このような1905年の論文の叙述様式は，上にアインシュタインの言葉をまとめて描いてみた相対性理論に至る過程に完全に照応している．

　要約すると，アインシュタインはすでに1890年代の半ばから運動と電磁現象との関係について思索を重ねていた．プランクの輻射公式の帰結を考察し始めたことによって，彼は問題をいっそう広い視野のもとで考えるようになった．彼は物理学をある形式的原理のうえに建て直す必要を感じたが，とりわけ，物理学諸理論のあいだにある形式的不整合に注意を向けた．相対性理論は，そのような不整合をとり除こうとする努力の結果であった．

　相対性理論の誕生で問題になったのは，力学と電磁気学のあいだの運動の相対性に関する不整合であった．しかし，アインシュタインを悩ませた不整合はこれだけではなかった．ホルトンが指摘したように[57]，アインシュタインはこれら2つの理論がそれぞれの基本的な実体に関しても形式的に不整合だと考えた．彼の1905年のもう1つの大きな達成，光量子論は，力学の基本的実体である質点は離散的であるのに，電磁理論のそれである電磁場は連続であるという両理論の"根本的な形式上の差異"[58]をとり除くという意図に発していた．そのようなアインシュタインと対照的にローレンツもポアンカレも，いや当時のすべての物理学者が，物理学諸理論のあいだの形式的不整合というような問題意識をもっ

たことはなかった．アインシュタインの理論はローレンツの
1904 年の理論から多くの示唆を受けたという 2, 3 の人々の
主張は，ホルトンによって十分に反駁されている[59]．しか
し，かりにアインシュタインがローレンツの 1904 年の論文
を事前に知っていたとしても，事態の経過は本質的に変わら
なかったであろう．なぜなら，アインシュタインは当時の物
理学の状況をローレンツ，ポアンカレあるいはその他の誰と
も異なった眼で見，そのことによって彼らのだれもが認める
ことのできなかった，まったく新しい問題を見定めたのであ
ったから．

　このように実り豊かであった力学と電磁理論の，ある普遍
的な形式的原理による統一という問題意識は，しかし，2 つ
の理論体系を同じ資格・権利をもつものとして対比すること
なしには生まれ得なかったであろう．力学と電磁理論の統一
というのは，一方の他方への還元と違って，2 つの理論が同
じように特権をもつ，あるいはむしろ非特権的である，とい
う認識を前提とするからである．力学と電磁理論を同等の 2
つの理論とみることは，今日のわれわれにはごく自然で容易
なことのように思える．しかし，そのような観点とそこから
生まれる問題意識こそ，ローレンツ，ポアンカレ，その他の
人々に欠けていたものである．この点での彼らとアインシュ
タインとの差はきわめて大きく，単に偶然的なものではあり
えない．それを彼らの認識論ないし世界観の違いに根ざすも
のとみることは見当違いであるまい．こうしてわれわれは，

アインシュタインがヒュームとマッハから受けたと認めている影響は何であったかという問題に導かれる。アインシュタインが物理学の問題状況をみる独自の視座をつくりあげるのを助けたのは、彼らの哲学的著作のなかのどのような点であったのか？

5　ヒュームとマッハ

　ヒュームについては比較的簡単にすませることができる。アインシュタインは 1902 年にベルンで特許局に職を得たあとソロヴィン（Maurice Solovine）ほか，2, 3 の若い友人といっしょに続けた読書会でヒュームの『人性論』を読んだ。彼はマッハよりヒュームからいっそう大きい直接的影響を受けたといっているが[60]，具体的に何を教えられたかを述べていない。しかし，上記ソロヴィンによれば，彼らは "実体および因果律の概念に対するディヴィド・ヒュームのきわめて明敏な批判について何週間ものあいだ議論した"[61]。実体の概念についてヒュームは物質的なものも心的なものも否定して，それを観念の束 bundle of ideas でおきかえた。因果概念に対するヒュームの批判はもっとも有名である。彼は，因果関係とはある対象とある対象とがつねに結合して生起したということにすぎず，2 つのあいだに何か必然的な関連があることを表わすものでないと主張した。これらの主張に関する限り，アインシュタインの相対性理論と特定的な関係は認めがたい。一般的な影響にとどまるであろう。

　しかし，ヒューム『人性論』の第1篇第2部「空間と時間
の概念について」[62]は，アインシュタインの時空概念の発
展に相当の直接的影響を及ぼし得たと思われる．ヒューム
によれば，空間(延長)概念とは**一定の順序に分布された可
視的ないし可触的な点の観念以外の何ものでもなく(太字は
原文)**[63]，"可感的な事物をもって満されない限り現実的
延長という観念を我々はもたない"[64]．"時間は……つねに
変化しうる対象の，ある**知覚できる**継起によって発見される
(太字は原文)"[65]．"変化しうる存在なしの時間の観念……
我々は現実にはそのような観念をもたない"[66]．他方アイ
ンシュタインは，相対性理論の最初の論文で物理学の理論は
"剛体の運動学に基礎をおく"[67]と主張し，物指しと時計に
よる空間・時間の定義からその理論を展開している．このやり
方は，空間観念は可感的事物の配置にもとづき，時間観念
は変化しうる対象の知覚できる継続にもとづくというヒュー
ムの主張をただちに想起させる．両者のあいだにはいちじる
しい並行関係がある．この点にヒュームのアインシュタイン
への直接的影響を想定することが可能である．

　しかし，アインシュタインがこの点でヒュームから示唆を
くみとり得るためには，その前に電磁理論を相対性原理に合
致させるという課題が与えられていなければならない．その
ような問題を意識するような思考の発展は何によってもたら
されたのか？　ここでわれわれはマッハに向かわねばならな
い．

　マッハのアインシュタインへの影響については，従来その実証主義的な考え方がエーテルの否定や時空概念のつくり変えに貢献した，ということがほとんど自明とされてきた．たとえばフランク（Philipp Frank）は言う：“特殊相対性理論における同時刻の定義は，物理学におけるすべての言明は観測可能量のあいだの関係を述べなければならないというマッハの要求にもとづいている．……マッハの要求——‘実証主義的要求’——は，アインシュタインにとって大きな発見法的価値をもつものだった”[68]．ライヘンバッハ（Hans Reichenbach）も言う：“マイケルソンの実験を理解しようと欲する物理学者は，言明の意味はその検証可能性に帰すると主張する哲学に与しなければならなかった．アインシュタインの哲学的立場をきめたのは，この実証主義的，あるいはむしろ経験主義的立場の採用である．彼は単に，キルヒホッフ（G. R. Kirchhoff），ヘルツ（H. Hertz），マッハらの名前で特徴づけられる発展傾向に加わればよかった”[69]．マッハとアインシュタインの思想的出会いと別れを詳しく検討したホルトンも，相対論の誕生に関しては，アインシュタインが物理学の基本的問題の理解には認識論的分析が不可欠だとみなし，実在を感覚によって与えられる“事象”と同一視したところに強いマッハ的要素を見るにとどまった[70]．哲学者の廣松渉は，マッハの哲学思想——要素一元論的世界観，記述主義的学問観，操作主義的概念論，思惟経済の原理等——，およびそれを具現した彼の物理学理論が多くの脈絡

において相対性理論(特殊，一般をあわせた)の先駆となっていることを興味深く分析している[71]．しかし，そこで扱われているのは概念上の類縁であって，発生史的な関係ではない．1900年前後の，アインシュタインを相対性理論に導いた思考の発展に対してマッハが何を寄与したかを探るには，われわれはアインシュタイン自身の言うところにもっと注意深く耳を傾けねばならない．

　アインシュタインは連邦工科大学の学生だった1897年に，友人ベッソーに教えられてマッハの『歴史的・批判的に述べられた力学の展開』[72]（以下では『力学』と略称する）を読み，深い印象を受けた．1947年末になってベッソーは，"観測可能量——おそらくは間接的ながら'時計と物指し'"へアインシュタインの注意を向けるうえでマッハの思考過程が決定的な役割を果たしたといってよいか，とアインシュタインに尋ねた[73]．アインシュタインの答は[74]，ベッソーの質問そのものに対しては，自分の考えの発展へのマッハの影響はたしかに大きかったが，自分の研究にどれだけ直接的に影響したかはどうも判明でない，と消極的であった．しかし，マッハの一般的な影響については次のように明確に述べている："彼の大きな貢献は，18, 19世紀に支配的だった物理学の基礎についてのドグマチズムを解きゆるめたことだ．とくに力学と熱学において……[もっとも基礎的な概念]さえその正当化は経験から得るのであって，けっして論理的に必然的なのではない，という立場を納得のゆくように主張

した……"(75). これは, この手紙とそう違わない時期に書かれたとみられる「自伝的覚え書」のなかの記述にぴったり対応する. アインシュタインは次のように書いている：19世紀終り近くマクスウェルやヘルツでさえ, 力学こそ物理学の確実な基礎だとみなしていたが, "エルンスト・マッハこそ, その力学の歴史においてこの独断的信念をゆるがした人であった. この書物はまさにこの点で, 学生であった私に深い影響を及ぼした"(76). 以上を要約すれば, マッハの本質的な影響は, 力学の基礎的概念も究極的には経験に根ざすものであることを示し, そのことによって力学的自然観を根底から打ち砕いたことに求められよう. じっさい, 客観的に検討してみても, このことこそマッハ自身が『力学』その他で果たそうとした目標だったのである(77).

　マッハによる力学的自然観の批判の検討に移るまえに, ここで『力学』のいくつかの版について述べておく. この書物は 1883 年に出版され, 1888 年に第 2 版が出た. 第 2 版は誤植の訂正のほか本文には変更がない. 以下, 第 3 版 1897年, 第 4 版 1901 年, 第 5 版 1904 年, 第 6 版 1908 年, 第 7版 1912 年, 第 8 版 1921 年, 第 9 版 1933 年であり, 第 3～7 版では新版のたびに本文が改訂されている. 著者の死後に出た第 8, 9 版は, 当然本文の改訂はない. 邦訳は戦前の青木訳(78) が第 8 版から（ただし J. Petzoldt による後書きを省く), 戦後の伏見訳(79) が第 9 版からである. このうちアインシュタインが読んだのは第 3 版と推定される. 彼がベ

ッソーをとおしてマッハを知ったのは 1897 年のことだから[80]，第 2 版が出てから 10 年近くたっていた．そして第 3 版は，序言の日付が 1897 年 1 月であることからみて，おそらく 1897 年の前半に出たであろう．この出たばかりの第 3 版をアインシュタインが読んだと想定するのは合理的であろう．そういうわけで，本論文ではもっぱら第 3 版を参照する．もっとも，版による違いは，個別的な実例の議論や，その間に公刊された他の人々の議論に対する批評が付け加えられたり，取り除かれたりしているだけで，基本的な論旨は一貫している．

6　力学的自然観の批判

　マッハの思想の原点を知るためには，彼が 1871 年に行なった講演『仕事の保存律の歴史と根元』[81] をまず検討しておくのがよい．マッハ自身『力学』のなかで何度も，本書の観点は『歴史と根元』で初めて述べられたものだと注意しているからである．さて『歴史と根元』の目的はエネルギー恒存則の検討を通じて力学的自然観を否定することであり，具体的な標的はヘルムホルツ（Hermann von Helmholtz）とヴント（Wilhelm Wundt）の主張であった．

　ヘルムホルツは，1847 年の『力の保存について』[82] の序論で，力学的自然観を定式化し，根拠づける次のような議論を行なっている．充足理由律によるならば "理論的自然科学の究極の目標は自然における諸現象の終局の不変の原因を見

出すことである"(83). ところで, 科学の外界的対象は互い
に分離することのできない物質と力であり, 科学の目標であ
る終局的な原因は運動力でなければならない. この運動力の
作用は空間的関係にのみ依存する. 運動は少なくとも2つ
の物体の相互の空間的関係の変化であるから, その原因とし
ての運動力も物体相互の関係に対してのみ推論されうる. と
ころが, 物体は質点に分解され, 点のあいだの空間的関係と
いえば距離以外にない. "こうして結局, 物理的自然科学の
課題は, 自然現象を強さが距離のみによる不変な引力および
斥力に帰着させること"(84) である. 以上の議論から分かる
ように, ヘルムホルツは, 単にすべての物理現象が粒子と中
心力によって力学的に説明されるべきだと主張しただけでは
ない. 彼は全物理現象の力学への還元が, ある先験的な根拠
からして必然的であると考えたのである.

　そのような考えはヘルムホルツひとりのものでなかった.
たとえばヴントは, マッハの『歴史と根元』に先立つこと5
年の著書『物理学の公理とその因果律との関係』(Die
physikalische Axiome und ihre Beziehung zum Causal-
prinzip. Ein Kapitel aus einer Philosophie der Natur-
wissenschaft, Erlangen, 1866)で, 力学的自然観の必然性
を認識論的に根拠づけようとした(85). マッハによれば, ヴ
ントは "現代自然科学の傾向の唱導者" であり, "ヴントの
見解に対しては……いかなる異論も唱えられていない"(86).
さて, ヴントは次のような根拠によって, 自然界のすべて

の原因は "運動に関係する原因"（Bewegungsursache）であると主張した．すなわち，外界の事物の質的な変化は，感覚によって与えられる知識だけで判断すれば，ある対象が消え，それとは違う質をもつ他の新しい対象が出現するということである．しかし，こういう消滅・生成は存在物の同一性と物質の不滅性とに反する．ところが，対象が眼前で変化しながら，しかも同一にとどまる唯一の場合がある．それは運動である．運動においては，物体相互の空間的関係が変わるだけで物体は同一にとどまるからである．ゆえに，われわれはあらゆる変化を，対象が同一性をたもつ考えうる唯一の変化——運動に帰着させねばならない．

このような議論はこんにちのわれわれに対しては説得力をもたない．しかし 19 世紀の人々は，自然現象がすべて力学的に解明されるべきなのは，偶然的に事実上そうなのではなくて，論理的・必然的な根拠があるのだ，と考えた．それは，力学の原理ないし法則が単なる経験的・事実的な法則でなく，ちょうど幾何学の公理ないし定理のように，アプリオリな，必然的な真理であるからなのであった．リーマン（Bernhard Riemann）が 1853 年より後に書いたとみられる遺稿「重力と光」の冒頭にわざわざ，慣性法則は充足理由律からは説明できないという註をつけて，力学の法則をアプリオリな真理にまつりあげようとする試みを批判したのも[87]，逆にそれが当時広くみられた考え方であったことを示している．

　マッハは『歴史と根元』において，エネルギー恒存則の根元を "仕事を無からつくり出すことは不可能" という認識に求め，この認識は近代力学よりはるかに深く，長い年月にわたる人間の経験に根ざしていることを示した．そうすることによって，一般的な因果律からアプリオリに力学の諸法則を導こうとする努力が無意味であることを主張しようとしたのである．この力学におけるアプリオリズムの批判をいっそう広く，深く追求しようとしたのが，10 年あまり後に刊行した『力学』に他ならない．この書物の初版の序言（以後のすべての版にも保持されている）でマッハは，本書の "傾向はむしろ啓発的なもの Aufklärende，もっとはっきり言えば反形而上学的なものである"(88) と述べている．ところでマッハによれば，いわゆる形而上学的な観念は，じつは "われわれがいかにしてそれに到達したかを忘れてしまった概念"（『歴史と根元』)(89) にすぎない．そこで『力学』においては，"力学の**自然科学的**(太字は引用者)内容にわれわれはいかにして達しえたか，いかなる源泉からわれわれはそれを作りだしたか，それはどの程度まで確実とみなしうるか"(90) という問について解明することが意図されるのである．言いかえれば，『力学』におけるマッハの狙いは，力学におけるアプリオリズムを打破し，そのことによって力学的自然観に打撃を与えることにあった．

　『力学』は 5 つの章からできている．第 1 章は静力学を扱う．アルキメデス(Archimedes)およびガリレイ(Galilei)に

よるテコの原理の "証明", ステヴィン(Simon Stevin)の斜面上の釣り合いの定理の導出, ベルヌーイ(D. Bernoulli)の力の平行四辺形の幾何学的 "証明", ラグランジュ(J. L. Lagrange)による仮想変位の原理の導出を詳しく検討して, マッハは, これらの "証明" すべての根底にはある直観的認識がおかれており, それらは長い年代にわたってくり返された経験を一般化した認識に他ならないことを明らかにする.

　『力学』の第2章では動力学を考察する. ガリレイが(水平面上の)慣性の法則を推論した過程を分析して, その根底にあるのは, 重さある物体はひとりでに上昇することはないという直観的認識であり, "慣性を自明のものとして表現したり, 'ある原因の結果はいつまでも残る' という一般命題から導こうとしたりすることは全く間違っている"[91] と結論する. ついで, ホイヘンス(Ch. Huygens)の振動中心の議論における同様の直観的認識の役割を論じたのち, 質量および作用・反作用についてのニュートン(I. Newton)の議論を詳細に吟味し, これら2種の概念は互いに依存しあうものであり, その基礎にはいくつかの直観的認識ないし経験が横たわっていることを明らかにする. これは, 本書のなかでも特に力のこもった個所である. その次にくるのが, もっとも有名なニュートンの時間・空間概念への批判である. その内容はよく知られており, ここでくり返す必要はないであろう. しかし, 次のことは特に強調するに値する. すなわち, 慣性の法則を特別な絶対空間に関係させる必要はないことを

例示したあとで，マッハは，"われわれの考察のもっとも重要な結果は，見たところもっとも簡単な力学の定理といえどもきわめて複雑な性質のものであって，完結していない，いや決して完結することのありえない経験にもとづいており，……それ自身はけっして数学的に決定される定理ではなく，むしろ，たえず経験によってコントロールすることができるのみでなく，そうすることが必要である定理とみなされるべきだということ"(92) と注意しているのである．マッハの有名な絶対空間・絶対時間の否定も，力学におけるアプリオリズムの批判というより広い文脈のなかで理解されなければならない．この第2章の最後の2つの節でも，マッハは総括的な批評として，ニュートン力学は経験にもとづくものと任意の約束であるものとを分離して述べるべきであり，力学の現在の形態は歴史的偶然にもとづいているということを強調している．

　『力学』の第3章は，最小作用その他の力学の形式的原理の考察にあてられている．この章でもアプリオリズムへの攻撃が目立つ．デカルト(R. Descartes)について，彼の"自然研究をダメにした最大の欠陥は，経験のみが決定を下すことのできる法則を自明で判明なものとみなしたことだ"(93) と述べている．第4章では"科学的思惟の経済"を論じ，第5章ではその観点からもう一度力学的自然観に根拠のないことを論じている．思惟の経済からみて力学的仮説は少しも他に優るものでなく，"力学は物理学の他のすべての分科の基礎

とみなされるべきであり，すべての物理現象は力学的に説明
されねばならないという考えは偏見である"(94).

　われわれは相対性理論の先入見をもってマッハの『力学』
に接するために，そのなかに何よりもまず，相対論の精神の
先駆としての時空概念の批判的考察を見ようとする．たしか
に，マッハの時空概念についての議論は，アインシュタイン
が相対論的時空概念を発想するうえで示唆的であり得たであ
ろう．アインシュタインはそのマッハ追悼文でマッハの批判
的精神をたたえて，彼の時間・空間の議論をかなりの長さに
わたって引用している(95).　しかし，以上の検討が誤りよう
もなく示しているのは，『力学』の全体としての目的が，マ
ッハみずから後の版に書き加えたように，"自然の諸性質は
自明な仮説の助けをかりてつくり出すことはできず，経験か
ら得られたものであることを読者に納得させる"(96) ことに
あったということである．マッハは，力学の基本法則も経験
的事実を集約したものであって必然的な数学的真理ではない
こと，したがってまた，物理学の他の分野の法則に優先して
全物理学の基礎とみなされるいわれのないこと，を主張した
のである．アインシュタインが『力学』の与えたもっともい
ちじるしい影響として力学的自然観のドグマを打破したこと
を挙げたのは，けっして的はずれではなかった．

　しかし，マッハがそのような力学的自然観の批判に 500
ページも費やしたこと(そしてそれをわれわれが比較的詳し
く紹介したこと)は，こんにちのわれわれには必要以上の力

みすぎ，そんなにムキになるまでもなかったこと，のように思われるかもしれない．しかし，19世紀末の実状からすれば，けっしてそうでなかった．たとえばマクスウェル(J. C. Maxwell)は晩年の著作『物質と運動』で，物理科学は自然現象のうちもっとも簡単でもっとも抽象的なものを扱うが，すべてのうちでもっとも簡単な場合はいくつかの物体の配置の変化であり，"したがって，物理的科学の第1の部門は物体の相互の位置および運動に関係する"と述べている[97]．彼はまた，慣性の法則はアプリオリに納得できると述べている．放置された物体が速度を変ずるとすれば，"同じ原因はつねに同じ結果を生ずるという物理科学の一般的公理"から，時間・空間についての広く認められた学説に反する結論に導かれる[98]，というのである．世紀半ばに力学的自然観を定式化したヘルムホルツは，当初の因果律についての考えを後になって変えたけれども[99]，力学が全物理学の主位を占めるという考えは終生変わらなかった．たとえば，1893〜4年の力学の講義のなかで彼は，力はつねに存続し，不変の法則に従って働いている原因であると述べ，"全理論物理学は力概念の助けをかりて構築される"[100]と言明している．1893年に日本からベルリンへ留学した長岡半太郎が同年9月の手紙で，"当地物理学者は，何でもかでも力学の根底に惹き戻すが現今の一手段の様考へ居り候趣にて"と記しているのも[101]，当時の(ドイツ)物理学の状況をしのばせるに十分である．物理学者のあいだの支配的傾向がそのよう

であったからには，マッハのラディカルな力学的自然観批判
は 19 世紀末において十分に存在理由があったといわねばな
らない．

　しかし，われわれの問題は，力学的自然観の批判が相対性
理論の誕生に対してどのような意味をもったか(あるいは，
もたなかったか)ということである．この問題に答えるため
には，もう一度ローレンツとポアンカレの思想の検討にもど
らねばならない．

7　ローレンツとポアンカレにおける力学の認識論的地位

　力学的自然観を "物理学の諸法則が力学の法則に還元され
るような Weltbild〔世界像〕"(102) と理解すれば，ローレン
ツもポアンカレも "力学的自然観" に与するものではなかっ
た．ましてや電磁現象の力学的モデルを作ることなど彼らは
企てなかった．ローレンツはその『電子論』の冒頭でそのよ
うな企てを否認して，"われわれはこの種の思弁にたちいら
ないで理論をおおいに発展させ，非常に多くの現象を説明す
ることができるのである．実際そういう思弁はいくつもの困
難を含んでおり，そのため最近では，そういうことを全然や
めて，理論を少数のより一般的な仮定のうえに築こうという
傾向にある"(103) と述べている．彼のエーテルは，アインシ
ュタインの言葉を借りれば(104)，"静止" という以外の力学
的性質をすべて奪われている．ポアンカレも，"追求すべき
目的は……力学的機構でない．真の，唯一の目的，それは統

一である”(105) と言う．電磁理論はエネルギー恒存則および
最小作用の原理に従うように定式化できるから，力学的説明
はいつでも，しかも無限に多くのやり方で可能である．この
原理的可能性だけで満足すべきだとポアンカレは主張した．
彼はさらに，“エーテルが実際に存在することは大して重要
なことでない．……これも１つの便利な仮説であるにすぎ
ない”(106) とさえ言明するのである．このように力学的説明
をしりぞける一方で，ローレンツとポアンカレは電磁的自然
像による物理学の統一を追求した(107)．しかし，そのよう
な“力学的自然観”への否定的態度にもかかわらず，彼らの
思想をさらに注意深く検討してみると，彼らもまた，力学は
全物理学の理論構造のなかで論理的に首位に来るという見方
から脱却してはいなかったことが判明する．

　電磁理論の発展に対するローレンツの最大の貢献は，マク
スウェルやヘルツにおいては誘電体ににになわれる状態として
のみ存在した電磁場を，それ自体１つの物理的実在として
独立させたことであった(108)．彼は電磁場をエーテルの the
state とみなし，エーテルの支えを取り去った電磁場自体に
ついて語ろうとしなかった．たしかに，このエーテルは電磁
的状態以外の状態をもちえないという意味では力学的存在
でなく，ほとんど電磁場と同一物である．しかし，それは電
磁現象の実体 substatia である．そしてローレンツにとって
は，ある‘もの’が実体であるとは，もっとも抽象的でもっ
とも限定されているとはいえ何らかの力学的規定性を備えて

いるということに他ならなかった．『電子論』の末尾で彼は
自分の理論を相対性理論に対して擁護しながら言っている：
"わたくしは，エネルギーをもち，振動することのできる，
電磁場がそこに存在することのできるエーテルを，すべての
普通の物質とはどんなに異なっているにしろ，ある程度の実
体性 substantiality をもったものとみなさないわけにはい
かない．この考え方からすれば，物体がエーテルのなかで動
いても動かなくてもなんの違いもけっして生じえないとは
じめから仮定したりせずに，距離や時間を，エーテルに対し
て固定された位置にある棒や時計によって測定するのが自然
であろう"(109)．すなわち，あるものが実体であるなら，そ
れに対する**運動**を考えることができ，その運動は物理的帰結
をもちうるはずだとローレンツは信じたのである．1910 年
に彼がゲッチンゲンで行なった連続講義でも同じ考えがくり
返された：電子論のエーテルには "なお，それによって 1 つ
の座標系を確定することができるだけの実体性が残されてい
る" が，この "残された最後の実体物" も相対性理論によっ
て攻撃された(110)，と．言いかえれば，エーテルに対する
運動あるいは静止を語ることができなければ，それはもはや
(電磁現象の)実体ではないのである．1915 年のアムステル
ダムの王立科学アカデミーの講演でも同じ観点が強調されて
いる："エーテルに対してはすべての実体性を否定された結
果，エーテル自体に対する静止あるいは運動について語るこ
とさえできない"(111)．ローレンツにとって実体性とは力学

的規定を有することを意味したことは，電子の電磁質量について次のような議論によっても示される：“……物質的質量の存在を否定したことによって，負の電子はその実体性の多くを失ったが，電子の諸部分に働く力について語ったり，それが形と大きさを保つと考えたりすることができるだけの実体性は保存しなければならない”(112).

　このように，エーテルが電磁現象の実体として力学的規定を有し，したがって，それに対する静止または運動を語ることができ，また語らねばならないとすれば，エーテルに対して静止した座標系における電磁方程式が全理論の基礎とならねばならないのは，ほとんど自明のことであったろう．だからローレンツは，アインシュタインの理論を高く評価しながらも，エーテルにもとづく理論をとるか相対性理論をとるかの“選択においてわれわれは自由であり”(113)，“物理学者は各人その慣れ親しんだ思考法にもっとも適合する態度をとることができる”(114) と語って，最後まで自分の理論から離れなかった(115)．ただここで，以上に引用した言葉はすべて相対性理論の出現以後のものであることを注意しておかねばならない．それ以前には，エーテルが物理的に特別の意味をもつ座標系を定める，言いかえれば，エーテルは絶対基準系を提供する，ということをあからさまに語った言葉はない．じっさいには彼の理論においてエーテルはそのような役割を果たしていたが，エーテルが絶対基準系であると自覚的に主張されてはいなかった．相対性理論が現われてのち，それと

自分の理論との比較を通じてローレンツは，自分の理論の根底にある考えをあからさまに定式化するに至ったのだといえよう．しかし，いずれにしても，上の言葉からわれわれは，ローレンツが相対性理論をつくり出すことを妨げ，それを受け容れることを彼に拒否させたのは，彼を根深くとらえていた，おそらく十分に自覚させることのなかった力学的自然観——力学が全物理学の論理的構成の首位におかれるべきだという意味での——であったことを知ることができるであろう．

　ポアンカレの唱えた "相対性原理" が，エーテルに対する運動の実験的検出の不可能を意味するものであり，物理学理論の出発点でなく，理論によって説明されるべきゴールでしかなかったことも，ポアンカレの科学思想において力学が特別の位置を占めていたことに結びついている．彼はまず力学の一般原理として "相対運動の原理" principe du mouvement relatif を定式化し(116)，それの拡張として "相対性原理" をとらえるのである．相対運動の原理の内容は，"任意の系の運動は，それを静止した軸に関係づけても，一様な直線運動に伴われている運動軸に関係づけても同一の法則をもつ"(117) ということである．つまり，力学の法則に限っての相対性原理（われわれの理解する意味での）である．そして，この原理は，ポアンカレによれば，単なる経験事実の一般的表現ではなく，ある超経験的な要素を含み，その点で彼のいう "相対性原理" とは認識論的な地位が異なるのであ

る.

　よく知られているように，ポアンカレは幾何学の諸原理は規約にすぎないと主張した(118). もっとも，それは幾何学の原理がまったく勝手に作られたという意味ではない. それらは "あらゆる可能な規約のうちから経験的事実に導かれて選択"(119) されたものであり，その選択の基準は便利さということであった. もうひとつの基準はそれらが互いに無矛盾ということである. こうして原理が選び出されると，次に幾何学の全理論がそれらの原理に適合するように構築される. この意味で原理は規約または扮装した定義にほかならないが，同時に，そうであるがゆえに原理は厳密に真なのである. ところで，ポアンカレによれば，力学についても同様のことが言われうる："この科学の諸原理は，いっそう直接的に経験にもとづいているとはいえ，やはり幾何学の公準と同じ規約性を帯びている"(120). 力学の諸原理は，一面からいえば実験にもとづいている. ほとんど孤立している系ではそれらを近似的に確証することができるからである. しかし，力学体系のなかでは，それらは一般化され，宇宙全体に適用される公準となっている. これらの公準は厳密に真だとされるが，それは，"これらが結局のところ，われわれがつくることを許されている規約に帰し，いかなる経験もそれに矛盾することにはならないと前もって確信しているからである"(121).

　ところが，力学以外の "固有の意味の物理科学" les sci-

ences physiques proprement dites では "情景が一変する.
われわれは他の種類の諸仮説に出会う"[122].物理学の仮説
は "いつも,できるだけ早く,できるだけ何度も検証にかけ
ねばならない.そしていうまでもなく,この試験に堪えな
ければ,その仮説は心残りなく捨てねばならない"[123].そ
ういう検証された仮説のうちもっとも一般的なものが,エ
ネルギー恒存,カルノー(熱力学第2),作用・反作用,相対
性,質量保存,最小作用の諸原理であるとポアンカレは考え
た.カルノーの原理は別として,これらはすべて力学におい
ては規約性を帯びた原理であり,その意味で厳密に真であ
る.19世紀における物理学の発展によって,それらは力学
以外の領域へ拡大され,固められ,いまやそれらは "実験的
真理"[124]とみなされる.しかし,相対性原理をはじめこれ
らの原理は "もはや規約ではない.それは検証にかけること
ができ,したがって証明されないこともありうる"[125].そ
のようにして生じた物理学の諸原理の危機を診断し,それを
のりこえる途を探ろうとしたのが1904年のセント・ルイス
講演であった.このときポアンカレは "相対性原理" はロー
レンツ理論によって救われたと感じたが,電子の電磁質量が
ローレンツの公式よりもアブラハム(M. Abraham)の公式
に合致するという1905年末のカウフマン(W. Kaufmann)
の実験結果は,ふたたびポアンカレを不安におとしいれた.
彼は1908年にこの結果にふれて,"それゆえ相対性原理は,
かつてそれに与えようと試みられた厳密な価値をもたないで

あろう”(126) と述べた.

　このポアンカレの動揺もひとえに，彼が力学と物理学の他の分野とのあいだに認識論的差異を設けていたことに由来する．彼の考えでは，力学がまず自然認識の枠組を設定し(その枠組は力学に対しては規約であり，したがって厳密に妥当する)，ついでその枠組のなかで他の物理学分野の理論が展開される．たとえば，もっとも基礎的な枠組である空間についてポアンカレは 1912 年春にロンドンで行なった講演で，空間の定義は座標の移動によって**動力学**の方程式の形が変わらないということに帰すると主張している(127)．このような観点に立つ以上，力学と電磁理論を同一平面上において，両者に対して普遍的に相対性原理を要請するということは，ポアンカレにとって思いもよらないことであったに違いないのである．彼が相対性理論にまで進むことを妨げた理由については，本論文の冒頭に引用した科学史家たちがすでに多くを論じている．しかし，そのもっとも奥深い理由は，ローレンツの場合と同じく，力学が全物理学の理論構成の首位に位置づけられるという意味での力学的自然観であったとせねばならないであろう．

8　力学的自然観からの脱却と相対性理論

　前節の検討からわれわれは，相対性理論の創出にとって力学的自然観からの完全な離脱がきわめて本質的な意味をもったことを理解することができる．アインシュタインの相対

性理論は，力学と電磁理論のどちらか一方を他方に還元しよ
うとするものでないのはもちろん，どちらかを認識論的に優
先的な位置におくものでもない．アインシュタインは力学と
電磁理論のより高いレベルでの統一を求めて相対性理論に到
達したのである．それに対してローレンツとポアンカレは，
深部において彼らの思考を規定した力学的自然観のおかげ
で，力学と電磁理論とを同じ平面に立たせることができなか
った．そのため，力学と電磁理論の両方に対して普遍的な相
対性原理を要請するという発想はついに彼らに生まれなか
った．相対性理論の成立にとっての時間・空間概念の変革の
重要性は誰しも認めるけれども，この変革の必要は上の発想
を前提としてのみ生じえたのである．このように考えてくれ
ば，1897 年，ちょうど相対論へと発展する最初の歩みをふ
みだしたばかりのアインシュタインがマッハの『力学』によ
って力学的自然観のドグマから解放されたということは，相
対論の創出のためのもっとも重要な前提を用意するものであ
ったと言わねばならない．

　マッハは『力学』で，力学の諸法則はアプリオリな原理か
ら導き出されるものでなく，一見そう見えるものも，永い年
月にわたる人間の経験から得られた認識であることを明らか
にしようとした．第7節でみたように，力学的自然観は，
力学のいくつかの原理は大なり小なりアプリオリに基礎づ
けられうるという思い込みに支えられていた．力学の諸法
則は，その意味で単なる経験事実の要約を超えた必然的真理

であり，それゆえに全物理学の基礎となると考えられたのだった．このような力学の別格視は，力学の諸原理は幾何学の公理に似て規約としての性格をもつというポアンカレ——彼は力学のアプリオリ性をもはや認めないにもかかわらず——の思想のうちにも色濃く残っている．ところがマッハの分析は，力学の諸原理といえども，結局は人間の経験をとおして得られた知識であることを，単なる哲学的命題としてでなく，多くの歴史的事例の検討からの結論として示した．このマッハの結論を受け容れるなら，力学も1つの経験科学たることにおいて物理学の他の分野から特に区別されるいわれはない．同様の理由で，他のいずれの分野も力学に代って特権的な位置につくべきではない．こうして，物理学のすべての分野はいずれも経験科学として，同じ認識論的地位をもつものと理解されるに至る．一般的・形式的な原理のレベルにおける力学と電磁理論の統一というアインシュタインの追求した課題は，そのときはじめて設定することができたのである．

　相対性理論の成立にとって力学的自然観からの完全な離脱が決定的に重要であったことは，1905年以後にアインシュタインの理論が受容されてゆく過程にも反映している．じっさい，相対性理論の内容と意義が正しく理解され，その結果，理論そのものが受容されるためには，アインシュタインの理論が単に電磁理論だけでなく力学にもかかわるものであることが認識される必要があった．つまり，電磁理論同様力

学も相対論の基本的公準に従わねばならないことが認識され
てはじめて，相対性理論は受け容れられることになるのであ
る．しかし，そのような認識は力学的自然観と両立しない．

　アインシュタインの 1905 年の相対論の論文がはじめて引
用されたのは，電子の質量に関するカウフマンの論文にお
いてである．カウフマンは数年来，電子の質量の速度による
変化を決定する実験を行なっていた．1901 年にはベックレ
ル線の電気的磁気的屈曲を測って，電子の質量が速度ととも
に増大することを確認し，電子の電磁質量はその力学的質量
と同程度であろうとみつもった[128]．1902 年と 1903 年に
発表された続く 2 つの論文で，彼はベックレル線および陰
極線中の電子の質量は完全に電磁的であると結論した[129]．
これらの結果は，ヴィーン（W. Wien）やアブラハムの唱え
ていた電磁的自然観[130] との関連で，物理学者たちの関心
をいちじるしくひいた．ローレンツ，ブーヘラー（A. H.
Bucherer），ランジュヴァン（P. Langevin）らも電子の電磁
質量およびその構造（モデル）の議論に加わった[131]．そし
て，1905 年 11 月 30 日受理の論文でカウフマンは電子の構
造について確定的な結論を与えた．ベータ線の屈曲につい
ての彼の実験はアブラハムの剛体球電子に有利な結果を与
えたと判断して，カウフマンはローレンツおよびアインシ
ュタインの理論は確定的に拒けられるべきだと言明したの
である[132]．この結論は翌 1906 年プランクの挑戦を受け
た[133]．プランクはアインシュタインの理論を使って電子

の質量の速度依存を導き，それによって改めてカウフマンの実験結果を検討して，それはローレンツ-アインシュタインの理論を決定的に否定するものでない，と主張した．そして1908年，ブーヘラーがはじめてローレンツおよびアインシュタインの電子質量の公式に有利な実験結果を得た[134]．しかし，この実験はきわめてデリケートなもので，ただちにすべての物理学者を納得させることはできなかった．電子の質量をめぐる論戦はなお数年間続くのである．1910年8月になおラウプ(J. J. Laub)は，「相対性原理の実験的基礎」という総合報告で，確定的な結果はまだ得られていないことを認めなければならなかったのである[135]．

　以上のように，電子質量の速度依存の実験・理論両面からの検討は1905年に続く約10年間，物理学におけるもっとも活発な議論の題目となった．多くの教科書では，この問題はしばしば相対性理論の実験的証明として引用されている．しかし実際は，当時の物理学者たちの関心は主として電子のモデルと質量とにあり，この問題をそのような意味をもつのとはみていなかった．彼らの初期の議論をしらべてみると，彼らのだれもがアインシュタインとローレンツの理論の基本的差異に気づいていない．アインシュタインを最初に高く評価し，激励したプランクでさえ，2つの理論を明瞭には区別していなかった．彼の認めた違いは，アインシュタインの方法はローレンツのものより一般的だということだけだった．"少し前に H. A. ローレンツによって，またより

一般的なやり方で A. アインシュタインによって導入された
「相対性原理"」と彼は書いている[136]．カウフマンの 1905
年の屈曲実験を論ずるにあたって，彼は短縮電子の理論を
"ローレンツ–アインシュタインの理論" とよんでいる[137]．
プランクのいう相対性原理は，ポアンカレのそれに似て，
"絶対運動は決して検出できないという公準"[138] であった．
ポアンカレにいたっては，電子の質量についてたびたび論じ
ながら[139]，ついに最後までアインシュタインの名をあげ
ることさえしなかった(少なくとも，公刊された文章では)．
彼の関心が向けられていたのは，電子という近年発見され
たばかりの実体がいかなる動力学に従うかということであ
った．この "電子の力学" が質量の固有性あるいは不変性と
いう力学の原理の 1 つに修正を迫るかどうか，迫るとすれ
ばどのような修正か，ということが彼の懸念のまとであっ
た．ローレンツ–アインシュタインの質量公式に反対してア
ブラハムの公式を擁護したアブラハム，カウフマン，ゾンマ
ーフェルト(Arnold Sommerfeld)らは，電磁的自然観を唱
え，前者の公式を旧い力学的自然観にもとづくものと攻撃し
た[140]．しかし，彼らの電磁的自然観は，力学の物理学に
おける優先的地位を否定する代りに，電磁理論をその優先的
地位につけようとする限り，力学的自然観の裏返しにすぎな
かった．だから彼らには，力学と電磁理論をともに同等の資
格のものとみて，同一の普遍的な原理に従わせることなど思
いもよらなかった．したがって，相対性原理を力学の原理と

してしかみず，その結果アインシュタインの相対性原理の普遍的な意義をとらえそこねたのである．

　相対性原理が全物理学に対して普遍的に要請されるべきものであり，相対性理論は全物理学の基本概念のラディカルな変革を要求しているということを，アインシュタイン自身を別として，最初に明瞭に述べたのはミンコフスキー（Hermann Minkowski）であった．彼はそのような洞察に立って 1907 年 12 月，拡がりのある物体の相対論的力学の定式化を最初に試みた[141]．多くの人々は "古典力学はここで電気力学の基礎にとられた相対性の公準に矛盾する" と論じているが，とミンコフスキーは述べている．"新しい時間の概念が物理学の特定の分科でのみ妥当するにすぎないとしたら，きわめて不満足なことであろう"[142]．彼がこのように相対性理論の普遍的な意義を認識したことは，アインシュタインの理論が 4 次元形式に書けるという彼の発見と密接に関連していたに違いない．じっさい，彼はこれとほとんど同時に相対性理論を 4 次元に定式化することを唱えているのである．すなわち，相対論的力学にふれた上の論文をゲッチンゲン・アカデミーに提出する 1 カ月前，1907 年 11 月 5 日にミンコフスキーはゲッチンゲン数学会で「相対性原理」と題して講演し，そこで 4 次元定式の概要を述べた．そして，この講演を彼は "光の電磁理論から始まって，最近われわれの空間・時間の表象に完全な変革が起ころうとしている" という言葉で始めている[143]．"空間・時間の表象の変

革"，これはこのときまで物理学者のだれひとりとして口にしたことのない言葉である(144)．数学者であるミンコフスキーは，力学的にしろ電磁的にしろ，いかなる特定の物理的自然観にもわずらわされることなく，アインシュタイン理論の数学的形式にのみ目をつけることができたのであろう．そのことが彼に，もともと力学と電磁理論の一般的・形式的レベルにおける統一を意図したアインシュタイン理論の真の含意を把握することを可能にした，ということができよう．

　相対性理論の受容過程について結論的なことを言うためには，なお多くの歴史的研究を必要とする．そこではプランク，カニンガム（F. Cunningham），ブーヘラー，ルイス（G. N. Lewis），ゾンマーフェルトらの果たした役割が適切に評価されねばならないであろう(145)．しかしながら現状においても，ミンコフスキーの上に引用した2つの論文，および有名な1908年の講演「空間と時間」(146)が，物理学者の注意を相対性理論の含む概念的変革に向けさせるうえで，大きな役割を果たしたことは確信できる．1910年ローレンツはゲッチンゲンでの講義で，エーテルと"真の"時間の存在を否定するのはアインシュタインならびにミンコフスキーの思想に従うことだと述べている(147)．ミンコフスキーの仕事の注目すべき効果の1つは，相対論的な観点からの力学の研究を広くよび起こしたことであった．ミンコフスキーの突然の死の直前数週間ほどその助手をつとめたボルンは，ミンコフスキーのひらいた方向にそって相対論的な力

学の概念を展開することを試みた[148]. フィリップ・フランクもミンコフスキーの論文に促されて, 電磁理論と力学の両方を含む相対性理論を体系化することを試みた. 1909 年3 月にヴィーンのアカデミーに提出した論文で[149], 彼は, 相対性原理を普遍的な原理として認めれば電気力学も力学もそれから系統的に展開できることを示したが, この論文の序論のなかで彼は, この研究がミンコフスキーの 1907 年12 月の ideenreich な〔想像力豊かな〕論文を動機とすることを記しているのである. 1908 年以後, 電気力学や光学のみならず, 質点の運動方程式とか剛体の相対論的定義とかいった力学の問題をも相対性理論の立場から扱った論文が次々に発表され始める. 力学の問題が相対論的な立場で論じられるべきだとすれば, 当然のこととして, 相対論的な観念は力学の領域でも妥当するのでなければならない. だから, 相対論的力学への関心の高まりは相対性理論の普遍的な重要性が急速に理解されるようになったこと, したがって相対性理論が広く受容されてきたことを示すものであった.

相対性理論が一般的に受容されるにつれ, それが力学的自然観を最終的に廃棄するものであることの認識も深まった. 1910 年9 月, いまやローレンツ理論とアインシュタイン理論の根本的な違いと相対論による時間概念の革新の意義を明瞭に認識したプランクは, ケーニヒスベルクのドイツ自然科学者医師大会で, "力学的自然観を物理学の思考方法の前提とみなす者は, けっして相対性理論に親しむことができない

であろう"(150) と言明するのである.

9 結　　論

　ここ半世紀近いあいだ，物理学には根本的な変革といえるものがなく，そこにみられるのは知識の漸進的増大——いかに厖大とはいえ——のみである．それに加えて，科学の体制化が進むにつれて，科学研究を促進し，組織するためのさまざまの法的措置や機構がととのえられる結果，科学研究者・研究機関の数はふえ，施設・装置の技術革新と巨大化がいちじるしく進んだ．このような趨勢は，科学研究のなかに占めるルーチン的な仕事の割合をますます増大させるように働く(151)．こんにちの科学ではプロジェクト研究が支配的であり，プロジェクト研究では仕事はいくつもの部分に分けられ，そのおのおのを別々の科学者が担当する．それらの部分的な仕事は，大部分の場合あらかじめ決められた手法によって行なわれ，創造的な知的探求からはほど遠い．こうして，こんにちの科学研究の大部分はクーン(Thomas S. Kuhn)のいう通常科学のパズル解き(152) となる．ほとんどの場合に研究は，どのような問題を，どのようなやり方で攻撃すべきかについてすでに成立している共通の了解(必ずしも明示的には示されないとしても)に従って計画され，実行される．そのような了解からはみ出るような研究はめったにない．科学研究は装置，データ，公式，等の操作に還元され，個々の科学者の哲学的性向，世界観，肌合いといった要素に左右さ

れることはほとんどない。そこで物をいうのは，科学者の技術的有能さのみである。

このような状況は当然，科学史家のいだく科学の観念に影響するであろう。コイレ(A. Koyré)が示唆しているように[153]，科学史の研究はその科学史家のもっている科学観を反映する。上述のような研究活動が科学であると信じ，そのような科学研究のみを歴史的研究の対象としている限り，科学史研究者も技術的細部にしか目をつけないし，またそれで一応の研究が成り立つであろう。科学史研究における新しさ，オリジナリティは，これまで取り上げられていない対象を他人に先んじて取り上げること，そして，これまで知られなかった資料を発見し，使用すること，のみをめぐって競われるにすぎないであろう。しかし，科学に新しい分野を拓いたり，その進行方向を大きく変えたりする，クーン流にいえばパラダイムの拡大や変更とかかわりをもつような科学的革新は，既成の了解事項を前提とする研究からは生まれない。そこでは，そのような前提からみずからを解放して問題そのものを革新しなければならない。それまでに存在しなかった問題を問題として意識するような視座の獲得とともに革新は始まる。したがって科学史家も，歴史をみるみずからの視座を転換し，科学の革新をひき起こした視座の転換というものに注目しなければならない。

相対性理論は，いうまでもなく，いま述べたような意味での革新であった。だから，エーテル問題をエーテル問題とし

てのみ追求したローレンツとポアンカレは，彼らの理論物理
学者としての見識と能力がいかに傑出していたにしても，つ
いに相対性理論をつくり出すことはできなかった．なぜな
ら，エーテル問題そのものの中にはこの問題を作り変える
契機が含まれないからである．問題が作り変えられるために
は，エーテル問題を物理学の問題たらしめていた前提が疑わ
れ，棄てられねばならない．その前提とは，エーテルの（に
対する）運動は当然，物理学的帰結を有するとするような，
物理学的実体はすべてに先立って力学的規定を有すると決
めこんでいる自然観ないし物理学観である．この自然観・物
理学観が変更されねばならなかったのである．科学の研究目
標となる問題は，客観的に自然から人間に向けて投げかけら
れるものではなく，人間がその自然観・科学観にもとづいて
自然に対して問いかけるものである．科学研究の問題は自然
観・科学観と相関的にのみ設定される．だからこそ，相対性
理論の成立にとって，マッハの行なった力学的自然観の破壊
が決定的な意味をもったのである．空間的・時間的規定はあ
る現象の他の現象による規定であって，絶対時間・絶対空間
というようなものは意味をもたないというマッハの批判は，
たしかにアインシュタインにとって示唆的でありえたであろ
うが，これが示唆的でありうるのは，アインシュタインが新
しい視座のもとに世界を見，そこに新しい問題を発見したう
えでのことである．その新しい視座をアインシュタインに用
意した力学的自然観の破壊にこそ，マッハのより基本的な貢

献を見なければならないであろう.

　病気のため行動の制限されていた筆者のため，資料の収集に協力して下さった日本大学理工学部の西尾成子，田中一郎の両氏に感謝する．また，前論文「19世紀のエーテル問題」と本論文とは，相対性理論の成立史について寄稿するようたびたび勧めてくれた *Historical Studies in the Physical Sciences* の編集者，ジョンズ・ホプキンズ大学のマッコーマック (Russell McCormmach) 教授の激励によって書きあげられたものである．本論文の完成はひとえに同教授の厚意のおかげといわねばならない．2つの論文は英文で1つにまとめ，上の雑誌に投稿中である．なお，本研究の一部は文部省科学研究費補助金による.

注と文献

(1)　E. Whittaker, *A History of the Theories of Aether and Electricity. The Modern Theories 1900–1926*, London, Thomas Nelson, 1953, p. 35.

(2)　*Ibid.*, p. 40.

(3)　M. Born, "Physics and Relativity," A lecture given at the International Relativity Conference in Berne, on 16th July 1955; *Physics in My Generation*, London, Pergamon Press, 1956, pp. 189–206.

(4)　Heinrich Lange, *Geschichte der Grundlagen der Physik*, Band I. *Die formalen Grundlagen-Zeit, Raum Kausalität*, Freiburg/München, Verlag Karl Alber,

1954, 10 Kapitel.

(5)　G. H. Keswani, "Origin and Concept of Relativity," *British Journal for the Philosophy of Science,* **15** (1965), 286–306; **16** (1965), 19–32.

(6)　C. Scribner, "Henri Poincaré and the Principle of Relativity," *Amer. Journ. Phys.,* **32** (1964), 672–678.

(7)　T. Kahan, "Sur les origines de la théorie de la relativité restreinte," *Revue d'Hist. Sci.,* **12** (1959), 159–165.

(8)　Gerald Holton, [a] "On the Origins of the Special Theory of Relativity," *Amer. Journ. Phys.,* **28** (1960), 627–636; Gerald Holton, *Thematic Origins of Scientific Thought. Kepler to Einstein,* Cambridge, Harvard University Press, 1973, pp. 165–195. [b] "On the Thematic Analysis of Science: The Case of Poincaré and Relativity," *Mélanges Alexandre Koyré, I. L'aventure de la Science,* Paris, Hermann, 1964, pp. 257–268; Abridged under the title "Poincaré and Relativity," in *Thematic Origins,* pp. 185–195.

(9)　Stanley Goldberg, [a] "Henri Poincaré and Einstein's Theory of Relativity," *Amer. Journ. Phys.,* **35** (1967), 934–944. [b] "The Lorentz Theory of Electrons and Einstein's Theory of Relativity," *ibid.,* **37** (1969), 982–994. [c] "Poincaré's Silence and Einstein's Theory of Relativity," *Brit. Journ. Hist. Sci.,* **5** (1970), 73–84.

(10)　Kenneth Schaffner, "The Lorentz Electron Theory of Relativity," *Amer. Journ. Phys.,* **37** (1969), 498–513.

(11)　M. A. Tonnelat, *Histoire du principe de relativité,*

Paris, Flammarion, 1971, Chapitre V.

(12) Arthur Miller, "A Study of Henri Poincaré's 'Sur la Dynamique de l'Electron'," *Arch. Hist. Exact Sciences*, **10** (1973), 207-328.

(13) O. A. Starosel'skaja-Nikitina, "Rol' Anri Puankare v sozdanii teorii otonositel'nosti," *Voprosy Istorii Estestvoznanija i Tehniki*, **5** (1957), 39-49.

(14) 広重徹，[a]「相対論の起原——予備的考察」，『科学史研究』II-4，No. 76 (1965)，171-173〔本書に収録〕．[b]「世紀交代期における電磁理論」，『科学史研究』II-5，No. 80 (1966)，179-190；II-6，No. 81 (1967)，19-32，とくに II-6, p. 31.

(15) Gerald Holton, "Einstein, Michelson, and the 'Crucial' Experiment," *Isis*, **60** (1969), 133-197; Gerald Holton, *op. cit.* (8), [a], *Thematic Origins of Scientific Thought*, pp. 261-352.

(16) Stanley Goldberg, *op. cit.* (9), [a], p. 944.

(17) 広重徹「19 世紀のエーテル問題」，『科学史研究』II-13，No. 110 (1974)，65-73；No. 111 (1974)，104-115.〔本書に収録〕

(18) H. A. Lorentz, "Weiterbildung der Maxwellschen Theorie. Elektronentheorie," *Encyklopädie der mathematischen Wissenschaften*, V, 14, Leipzig, 1904. 引用例は pp. 260-261.

(19) H. A. Lorentz, *Versuch einer Theorie der electrischen und optischen Erscheinungen in bewegten Körpern*, Leiden, 1895; *Collected Papers*, vol. 5, 1-138. 状態対応の定理については，広重，前掲(14)，[b]をみよ．

(20) H. A. Lorentz, *op. cit.* (18), pp. 277-279.

(21) H. A. Lorentz, "Electromagnetic Phenomena in a

System Moving with Any Velocity Smaller than That of Light," *Proc. Roy. Acad. Amsterdam*, **6** (May 1904), 809-831; *Collected Papers*, vol. 5, 172-197. 元のオランダ語版："Electromagnetische verschijnselen in een stelsel, dat zich met willekeurige snelheid kleiner dan die van het licht bewegt," *Versl. Kon. Akad. Wet. Amst.*, **12** (1904), 986-1009.

(22)　H. A. Lorentz, *The Theory of Electrons and Its Applications to the Phenomena of Light and Radiant Heat*, Leipzig, 1909, p. 230. 引用の訳文は，広重徹訳『ローレンツ 電子論』，東海大学出版会，1973，p. 253.

(23)　H. Poincaré, [a] "Sur la dynamique de l'électron," *Comptes Rendus*, **140** (le 5 juin, 1905), 1504-1508; *Œuvres de Henri Poincaré*, IX, 489-493. [b] "Sur la dynamique de l'électron," *Rendiconti del Circolo matematico di Palermo*, **21** (1906), 129-176; *Œuvres*, IX, 494-550. 論文[b]の内容について詳しくは Arthur Miller, *op. cit.* (12)をみよ.

(24)　Arthur Miller, *op. cit.* (12), p. 252.

(25)　H. Poincaré, "A propos de la théorie de M. Larmor (3)," *L'éclairage électrique*, **5** (1895), 5-14; *Œuvres*, IX, 395-413. 引用は p. 412.

(26)　H. Poincaré, *Électricité et optique. La lumière et les théories électrodynamiques. Leçons professées à la Sorbonne en 1888, 1890, et 1899*, Paris, 1901, p. 536.

(27)　*Ibid.*

(28)　H. Poincaré, "Relations entre la physique expérimentale et la physique mathématique," *Rapports présentés au Congrès international de Physique en 1900*, Paris, 1900, tome 1, 1-29. 引用は p. 22; *La science et l'hypothèse*, Paris, 1902; 2ᵉ éd., 1906, pp. 167-212. 引用は p. 201.

(29) H. Poincaré, *ibid., Rapports*, tome 1, p. 23; *La science et l'hypothèse*, p. 202.

(30) H. A. Lorentz, *op. cit.* (21), *Collected Papers*, V, 173-174.

(31) H. Poincaré, "L'état actuel et l'avenir de la physique mathématique," *Bulletin des sci. math.* (2), **28** (1904), 302-324. 引用は p. 306; *La valeur de la science*, Paris, 1905, pp. 170-211. 引用は pp. 176-177.

(32) H. Poincaré, *ibid.*, *Bulletin*, p. 307; *La valeur de la science*, p. 179.

(33) H. Poincaré, *ibid.*, *Bulletin*, p. 311; *La valeur de la science*, pp. 187-188.

(34) H. Poincaré, "La dynamique de l'électron," *Revue gén. des Sci.*, **19** (1908), 386-402; *Œuvres*, IX, 551-586; *Science et méthode*, Paris, 1908, pp. 215-272.

(35) H. Poincaré, *ibid.*, *Œuvres*, IX, p. 563; *Science et méthode*, p. 235.

(36) H. Poincaré, *ibid.*, *Œuvres*, IX, p. 567; *Science et méthode*, p. 240.

(37) H. Poincaré, "La mécanique nouvelle," *Revue électrique*, **13** (le 15 jan. 1910), 23-28. 引用は p. 24.

(38) H. Poincaré, "La dynamique de l'électron," *Supplément aux Annales des Postes, Télégraphes et Téléphones*, mars 1913.

(39) *Ibid.*, p. 47.

(40) A. Einstein, "Zur Elektrodynamik bewegter Körper," *Annalen der Physik* (4), **17** (1905), 891-921.

(41) *Ibid.*, p. 891.

(42)　*Ibid.*

(43)　A. Einstein, "Was ist Relativitätstheorie?" in *Mein Weltbild*, hrsg. von Carl Seelig, Berlin, Ullstein Bücher, 1955, pp. 127-131. 引用は p. 128. これはもと "My Theory" の題で *Times*, London, Nov. 28, 1919, p. 13 に発表された.

(44)　*Ibid.*, p. 127.

(45)　Max Wertheimer, *Productive Thinking*, enlarged edition, edited by Michael Wertheimer, New York and London, Harper and Brothers, 1959, pp. 213-226.

(46)　A. Einstein, "Ernst Mach," *Phys. Zeits.*, **17** (April 1916), 101-104.

(47)　石原純『アインスタイン教授講演録』, 改造社, 1923, pp. 131-151; 新版, 『アインシュタイン講演録』, 東京図書, 1971, pp. 78-88.

(48)　Anton Reiser, *Albert Einstein. A Biographical Portrait*, London, Thornton Butterworth, 1931.

(49)　Gerald Holton, "Influences on Einstein's Early Work in Relativity Theory," *The American Scholar*, **37** (Winter 1967-68), 59-79; *op. cit.* (8), [a], Slightly condensed, *Thematic Origins of Scientific Thought*, pp. 197-217, とくに p. 211.

(50)　Albert Einstein/Michele Besso, *Correspondence, 1903-1955*, Traduction, notes et introduction de Pierre Speziali, Paris, Hermann, 1972, pp. 390-392; 464-465.

(51)　Albert Einstein, "Autobiographisches," in Paul Arthur Schilpp (ed.), *Albert Einstein: Philosopher-Scientist*, New York, Tudor Publishing Co., 1949 and 1951, pp. 1-95.

(52)　R. S. Shankland, "Conversations with Albert Einstein," *Amer. Journ. Phys.*, **31** (1963), 47-57.

(53)　Carl Seelig, *Albert Einstein. Eine dokumenta-rische Biographie*, Zürich, Europa Verlag, 1954.

(54)　A. Einstein to C. Seelig, 19 Februar 1955. ゼーリッヒにより *Technische Rundschau*, Bern, 6 Mai 1955 に公表. M. Born, *op. cit.* (3), p. 193 に部分的に引用.

(55)　Gerald Holton, *op. cit.* (15).

(56)　Gerald Holton, *op. cit.* (15), とくに pp. 321-325.

(57)　Gerald Holton, *op. cit.* (8), [a], pp. 629-630.

(58)　A. Einstein, "Über einen die Erzeugung und Ver-wandlung des Lichtes betreffenden heuristischen Gesichtspunkt," *Ann. d. Phys.* (4), **17** (1905), 132-148. 引用は p. 132. 高林武彦はすでに 1949 年に "光量子説が粒子の力学と場の理論の形式上の対立から導かれたこと" を指摘していた. 高林「古典物理学の崩壊過程について」, 『科学史研究』 No. 11 (1949), pp. 1-9, とくに p. 5.

(59)　Gerald Holton, *op. cit.* (49), とくに pp. 204-205.

(60)　A. Einstein to M. Besso, 6 Januar 1948. *Op. cit.* (50), p. 391.

(61)　Albert Einstein, *Lettres à Maurice Solovine*. Re-produites en facsimilé et traduites en français avec une introducon et trois photographies, Paris, Gauthiers-Villars, 1956, p. viii.

(62)　David Hume, *A Treatise of Human Nature*. Reprinted from the Original Edition in three volumes and edited with an Analytical index, by L. A. Selly-Bigge, Oxford, Clarendon Press, 1888; Reprint, Oxford University Press, 1968, pp. 26-68; 大槻春彦訳 『人性論』 (一), 岩波書店, 1948, pp. 61-119.

(63)　*Ibid.*, p. 53 (訳 p. 99).

(64)　*Ibid.*, p. 64 (訳 p. 114).

(65)　*Ibid.*, p. 35 (訳 p. 73).

(66)　*Ibid.*, p. 65 (訳 p. 115).

(67)　A. Einstein, *op. cit.* (40), p. 892.

(68)　Philipp G. Frank, "Einstein, Mach, and Logical Positivism," in P. A. Schilpp (ed.), *Albert Einstein: Philosopher-Scientist*, pp. 269-286. 引用は pp. 272-273.

(69)　Hans Reichenbach, "The Philosophical Significance of the Theory of Relativity," in P. A. Schilpp (ed.), *ibid.*, pp. 287-311. 引用は pp. 290-291.

(70)　Gerald Holton, "Mach, Einstein, and the Search for Reality," *Daedalus*, Spring 1968, 636-673; *Thematic Origins of Scientific Thought*, pp. 219-259, とくに p. 224.

(71)　広松渉「マッハの哲学と相対性理論──ニュートンの物理学に対する批判に即して」, 広松渉・加藤尚武編訳『認識の分析』, 創文社, 1966 (再刊, 法政大学出版局, 1971), pp. 136-173.

(72)　E. Mach, *Die Mechanik in ihrer Entwicklung. historisch-kritisch dargestellt.* Dritte verbesserte und vermehrte Auflage, Leipzig, 1897 (1. Aufl., Leipzig, 1883).

(73)　M. Besso to A. Einstein, 12. X/4, 23. XI/8. XII. 1947. *Op. cit.* (50), p. 386.

(74)　A. Einstein to M. Besso, 6 Januar 1948. *Op. cit.* (50), p. 391.

(75)　*Ibid.*, pp. 390-391.

(76)　A. Einstein, *op cit.* (51), p. 20.

(77)　マッハの個々の著作の内容の紹介と検討は, Alfonsina d'Elia, *Ernst Mach*, Firenze, La Nuova Italia Editrice, 1971 に詳しい．近刊の伝記 John T. Blackmore, *Ernst Mach. His Work, Life, and Influence*, Berkeley, University of California Press, 1972 は，マッハの論文や著書に含まれる科学哲学上の理論を著者の哲学的立場から評価し批判することに重きをおいていて，マッハの力学的自然観批判に注意を払っていない．

(78) 青木一郎訳『マッハ力学の発達とその歴史的批判的考察』，内田老鶴圃，1931.

(79) 伏見譲訳『マッハ力学——力学の批判的発展史』，講談社，1969.

(80) Carl Seelig, *op. cit.* (53), p. 39.

(81) E. Mach, *Die Geschichte und die Wurzel des Satzes von der Erhaltung der Arbeit. Vortrag gehalten in der K. Böhm. Gesellschaft der Wissenschaften am 15. Nov. 1871.* Zweiter, unveränderter Abdruck nach der in Prag 1872 erschienenen ersten Auflage, Leipzig, 1909.

(82) Hermann von Helmholtz, *Über die Erhaltung der Kraft, eine physikalische Abhandlung, vorgetragen in der Sitzung der physikalischen Gesellschaft zu Berlin am 23 sten Juli 1847*, Berlin, 1847 (Reprint: Bruxelles, Culture et. Civilisation, 1966).

(83) *Ibid.*, p. 2. 引用の訳文は，高林武彦訳「力の保存についての物理学的論述」，湯川秀樹・井上健編『世界の名著 65，現代の科学 I』，中央公論社，1973，p. 234.

(84) *Ibid.*, p. 6. 引用の訳文は同上，p. 236.

(85) Ernst Cassirer, *The Problem of Knowledge. Philosophy, Science, and History since Hegel*, New Haven, Yale University Press, 1950, pp. 87-88.

(86) E. Mach, *op. cit.* (81), p. 19.

(87)　B. Riemann, "Gravitation und Licht," *Bernhard Riemann's Gesammelte mathematische Werke und wissenschaftlicher Nachlass*, 2. Aufl., 1892 (Reprint: New York, Dover, 1953), pp. 532-538. 近藤洋逸『新幾何学思想史』, 三一書房, 1966〔のち, ちくま学芸文庫, 2022〕, p. 189 をみよ.

(88)　E. Mach, *op. cit.* (72), p. v.

(89)　E. Mach, *op. cit.* (81), p. 2.

(90)　E. Mach, *op. cit.* (72), p. v.

(91)　*Ibid.*, p. 135.

(92)　*Ibid.*, pp. 231-232.

(93)　*Ibid.*, pp. 274-275.

(94)　*Ibid.*, p. 486.

(95)　A. Einstein, *op. cit.* (46), pp. 102-103.

(96)　E. Mach, *Die Mechanik*, Achte, mit der siebenten gleichlautende Auflage, Leipzig, 1921, p. 20.

(97)　J. C. Maxwell, *Matter and Motion.* Reprinted: with notes and appendices by Sir Joseph Larmor, London, 1920 (Originally 1877), p. 2.

(98)　*Ibid.*, pp. 28-29.

(99)　『力の保存について』を全集に収録するにあたって 1881 年に付けた注. *Wissenschaftliche Abhandlungen von Hermann Helmholtz*, 1. Band, 1882, 12-75. 問題の注は p. 68; 前掲(83), 『世界の名著 65, 現代の科学 I』, p. 277.

(100)　H. von Helmholtz, *Vorlesungen über die Dynamik discreter Massenpunkte*, Zweite durchgesehene Auflage, Leipzig, 1911 (1. Aufl., 1898), p. 24.

(101)　板倉聖宣・木村東作・八木江里『長岡半太郎伝』, 朝日新聞社, 1973, p. 170.

246

(102) Arthur Miller, *op. cit.* (12), p. 212, footnote 11.

(103) H. A. Lorentz, *The Theory of Electrons, op. cit.* (22), p. 2. 引用の訳文は，広重徹訳『ローレンツ 電子論』，p. 2.

(104) A. Einstein, *Aether und Relativitätstheorie*, Berlin, 1920, p. 7.

(105) H. Poincaré, *op. cit.* (28), *Rapports*, tome 1, p. 26; *La science et l'hypothèse*, p. 207.

(106) H. Poincaré, *op. cit.* (28), *La science et l'hypothèse*, p. 246.

(107) Russell McCormmach, "H. A. Lorentz and the Electromagnetic View of Nature," *Isis*, **61** (1970), 459-497; "Einstein, Lorentz and the Electron Theory," *Hist. Stud. Phys. Sci.*, **2** (1970), 41-87. Stanley Goldberg, *op. cit.* (9). Arthur Miller, *op. cit.* (12).

(108) T. Hirosige, "Origins of Lorentz' Theory of Electrons and the Concept of the Electromagnetic Field," *Hist. Stud. Phys. Sci.*, **1** (1969), 151-209.

(109) H. A. Lorentz, *op. cit.* (22), p. 230. 引用の訳文は，広重徹訳『ローレンツ 電子論』，pp. 253-254.

(110) H. A. Lorentz, "Alte und neue Fragen der Physik," *Phys. Zeits.*, **11** (1910), 1234-1257; *Collected Papers*, VII, 205-257. 引用は p. 210.

(111) H. A. Lorentz, "De lichtaether en het relativiteitsbeginsel," *Jaarboek Kon. Akad. Wet.*, 1915; *Collected Papers*, IX, 233-243. 引用は p. 238.

(112) H. A. Lorentz, *op. cit.* (22), p. 43. 引用の訳文は，広重徹訳『ローレンツ 電子論』，p. 47.

(113) H. A. Lorentz, *op. cit.* (111); *Collected Papers*, IX, p. 241.

(114)　H. A. Lorentz, "Considération élémentaire sur le principe de relativité," *Revue gén. des Sci.*, **25** (1914), 179; *Collected Papers*, VII, 147-165. 引用は p. 165.

(115)　ボルンは，ローレンツをその死の数年前に訪ねたときにも，彼の相対性理論に対する懐疑は変ってなかったと記している：Max Born, *op. cit.* (3), *Physics in My Generation*, 1956, p. 192.

(116)　H. Poincaré, [a] "La théorie de Lorentz et le principe de réaction," *Arch. néerl.* (2), **5** (1900), 252-278; *Œuvres*, IX, 464-488. 問題の個所は p. 482. [b] *La science et l'hypothèse*, p. 135. [c] *Op. cit.* (34), *Œuvres*, IX, p. 552; *Science et méthode*, p. 217.

(117)　H. Poincaré, *La science et l'hypothèse*, p. 135.

(118)　H. Poincaré, *La science et l'hypothèse*, Chapitres III-V.

(119)　*Ibid.*, p. 66.

(120)　*Ibid.*, Introduction, p. 5.

(121)　*Ibid.*, pp. 162-163.

(122)　*Ibid.*, p. 6.

(123)　*Ibid.*, p. 178.

(124)　H. Poincaré, *op. cit.* (32).

(125)　H. Poincaré, "L'espace et le temps," *Scientia*, **12** (1912), 159-171, p. 168.

(126)　H. Poincaré, *op. cit.* (34); *Œuvres*, IX, p. 572; *Science et méthode*, p. 248.

(127)　H. Poincaré, *op. cit.* (125), p. 169.

(128)　W. Kaufmann, "Die magnetische und elektrische Ablenkbarkeit der Becquerelstrahlen und die scheinbare Masse der Elektronen," *Gött. Nachr., Math.-phys. Kl.*, 1901, 143-155.

(129) W. Kaufmann, "Ueber die elektromagnetische Masse des Elektrons," *Gött. Nachr., Math.-phys. Kl.,* 1902, 291-296; "Ueber die 'Elektromagnetische Masse' der Elektronen," *Gött. Nachr., Math.-phys. Kl.,* 1903, 90-103.

(130) W. Wien, "Über die Möglichkeit einer elektromagnetischen Begründung der Mechanik," *Arch. néerl.* (2), **5** (1900), 96-107. M. Abraham, "Dynamik des Elektrons," *Gött. Nachr., Math.-phys. Kl.,* 1902, 20-41. 電磁的自然観については，Russell McCormmach, *op. cit.* (107), "H. A. Lorentz and the Electromagnetic View of Nature"; "Einstein, Lorentz and the Electron Theory" を参照.

(131) A. H. Bucherer, *Mathematische Einführung in die Elektronentheorie,* Leipzig, 1904. P. Langevin, "La physique des électrons," *Revue gén. des Sci.,* **16** (1905), 257-276; *La physique depuis vingt ans,* Paris, 1923, pp. 1-69.

(132) W. Kaufmann, "Über die Konstitution des Elektrons," *Sitzb. preuss. Akad. Wiss.,* 1905, 945-956.

(133) Max Planck, [a] "Das Prinzip der Relativität und die Grundgleichungen der Mechanik," *Verh. d. Deutsch. Phys. Ges.,* **8** (1906), 136-141; *Physikalische Abhandlungen und Vorträge,* II, 115-120. [b] "Die Kaufmannschen Messungen der Ablenkbarkeit der β-Strahlen in ihrer Bedeutung für die Dynamik der Elektronen," *Phys. Zeits.,* **7** (1906), 753-761; *Abhandlungen und Vorträge,* II, 121-135.

(134) A. H. Bucherer, "Messungen an Becquerelstrahlen. Die experimentelle Bestätigung der Lorentz-Einstein-

schen Theorie," *Phys. Zeits.*, **9** (1908), 755-762; "Die experimentelle Bestätigung des Relativitätsprinzips," *Ann. d. Phys.*, **28** (1909), 513-536.

(135)　J. Laub, "Über die experimentellen Grundlagen des Relativitätsprinzips," *Jahrb. d. Rad. u. Elekt.*, **7** (1910), 405-463, とくに, p. 462.

(136)　M. Planck, *op. cit.* (133), [a], *Abhandlungen und Vorträge*, II, p. 115.

(137)　M. Planck, *op. cit.* (133), [b], *Phys. Zeits.*, **7** (1906), p. 761. この討論はプランクの全集では省かれている.

(138)　*Ibid.*, p. 756.

(139)　H. Poincaré, *op. cit.* (34), (37), (38), および "La mécanique nouvelle," *Sechs Vorträge über ausgewählte Gegenstände aus der reinen Mathematik und mathematischen Physik*, Leipzig, 1910, pp. 49-58.

(140)　M. プランクのドイツ自然科学者医師大会での講演に対する討論：*op. cit.* (133), [b], pp. 670-671.

(141)　H. Minkowski, "Mechanik und Relativitätspostulat," Anhang zu "Die Grundgleichungen für die elektromagnetischen Vorgänge in bewegter Körper," *Gött. Nachr.*, 1908, 53-111; *Zwei Abhandlungen über die Grundgleichungen der Elektrodynamik*, Leipzig, 1910, pp. 5-57. 付録は pp. 45-57.

(142)　*Ibid.*, p. 45.

(143)　H. Minkowski, "Das Relativitätsprinzip," *Ann. d. Phys.* (4), **47** (1915), 927-938, とくに p. 927.

(144)　もちろん，ここでもアインシュタイン自身は別である．彼は 1905 年 5 月ごろ友人のハビヒト(Conrad Habicht)に進行中の研究について知らせたなかで，"いま

計画中の第4の仕事は，**空間・時間の学説の変更を利用した運動物体の電気力学です**"(太字は引用者)とはっきり述べている：Carl Seelig, *op. cit.* (53), p. 89.

(145)　この要求に部分的に応える論文として，次のものがある：広重徹「初期の相対論的力学」，『物理学史研究』**4** (1968), No. 2, 39-54; **5** (1969), No. 1, 55-70; **6** (1970), No. 1, 27-61. Stanley Goldberg, "In Defense of Ether: The British Response to Einstein's Special Theory of Relativity, 1905-1911," *Hist. Stud. Phys. Sci.*, **2** (1970), 89-125.

(146)　H. Minkowski, "Raum und Zeit," *Jahresber. d. Deutsch. Math. Verein.*, **18** (1908), 75-88; *Phys. Zeits.*, **10** (1909), 104-111.

(147)　H. A. Lorentz, *op. cit.* (110), *Collected Papers*, VII, p. 211.

(148)　M. Born, "Die träge Masse und das Relativitätsprinzip," *Ann. d. Phys.* (4), **28** (1909), 571-584; "Die Theorie des starren Elektrons in der Kinematik des Relativitätsprinzips," *Ann. d. Phys.* (4), **30** (1909), 1-56, 840; "Über die Dynamik des Elektrons in der Kinematik des Relativitätsprinzips," *Phys. Zeits.*, **10** (1909), 814-817.

(149)　P. Frank, "Die Stellung des Relativitätsprinzips im System der Mechanik und der Elektrodynamik," *Sitzungsb. Wiener Akad. Wiss.*, **118** (1909), 373-446, とくに p. 376.

(150)　M. Planck, "Die Stellung der neuen Physik zur mechanischen Weltanschauung," *Verh. Ges. Deutsch. Naturf. u. Ärzte*, **82** (1910), 1. Teil, 58-75; *Physikalische Abhandlungen und Vorträge*, III, 30-46. 引用は

p. 39.

（151）　科学の体制化およびそれが科学研究の質に及ぼす影
響についての暫定的な議論は，廣重徹『科学の社会史』,
中央公論社，1973〔のち岩波現代文庫，2002-3〕，序章お
よび終章をみよ．外国の文献ではラヴェッツの "産業化
された科学" についての議論が参考になる：Jerome R.
Ravetz, *Scientific Knowledge and Its Social Problems*,
Oxford, Clarendon Press, 1971, とくに Chapter 2.

（152）　Thomas S. Kuhn, *The Structure of Scientific
Revolutions*, Second edition, enlarged, Chicago, Uni-
versity of Chicago Press, 1970, Chapter 4. 〔中山茂訳
『科学革命の構造』，みすず書房，1971〕

（153）　A. Koyré, *Études d'histoire de la pensée scien-
tifique*, Paris, Presses Universitaires de France, 1966,
pp. 71-72, et passim.

初出：『科学史研究』No. 111（1974），116-126;

No. 113（1975），5-15.

編者解説

西 尾 成 子

廣重徹(ひろしげてつ：1928-1975)は日本における科学史研究，とくに物理学史研究の草創期をささえ，大きな足跡を印した人物である．戦前・戦中期に活動し，戦災死した天野清(1907-1945)と並び，先駆者として今も語り継がれる科学史家のひとりといえる．

廣重は科学史をおもに二つの側面から研究していった．一つは学説史の側面，とくに19世紀から20世紀初頭にかけての物理学史である．もう一つは体制史といわれる側面，とくに日本における科学および科学者をめぐる社会的変遷史である．前者の側面は，アインシュタイン(A. Einstein: 1879-1955)による特殊相対性理論(以後，特殊相対論と表記)の発見にいたるまでの電気力学・電磁場理論の研究史，ボーア(N. Bohr: 1885-1962)の原子構造論の起原に関する研究などに代表され，国際的にも高い評価を得て，科学史の分野では今日もなお多く引用される．後者の側面は，主要な二著，『戦後日本の科学運動』(中央公論社，1960年，のちこぶし書房，2012年)と『科学の社会史』(中央公論社，1973年，のち岩波現代文庫，2002，2003年)に集約され，現在

で言う STS (Science, Technology and Society：科学技術社会論)の日本における嚆矢として知られるもので，2011 年の福島第一原発事故の後に再び注目を集めるなど，研究者以外の一般の人も知るところとなっている．

　本書は，その二つの側面のなかでも前者の側面，とくに相対論形成史に焦点をしぼり，その代表的な論文 5 篇を収録する．

　廣重の相対論史研究の出発点は，1952 年，京都大学の湯川秀樹研究室に所属し，博士課程の大学院生として素粒子論の研究に取り組み始めた頃にさかのぼる．理論研究のかたわら，親しかった同級生の辻哲夫(のち東海大学名誉教授)に誘われ参加した，電磁気学史の勉強会がきっかけであったという．この勉強会では，ファラデー(M. Faraday: 1791-1867)，マクスウェル(J. C. Maxwell: 1831-1879)らの近接作用論と，アンペール(A. M. Ampère: 1775-1836)，ノイマン(F. E. Neumann: 1798-1895)らの遠隔作用論とを比較検討し，その成果を二編の共著論文「電磁場理論の成立」(1955 年)，「電気力学を進めた人たち——Ampère と Neumann の場合」(1957 年)として発表した．これらは後に，廣重の単著論文「世紀交代期における電磁理論」(1966-67 年)で集大成されることになる．

　廣重は後年，翻訳出版した『カルノー・熱機関の研究』(みすず書房，1973 年)の「はしがき」で次のように書いている．

　「田村松平先生(当時京都大学教授)のおすすめで私がこの翻訳にはじめて手をつけたのは今から 18 年前，大学を卒業してまだ何年もたたないときであった．……翻訳という仕事の最初の作業は，そこで何が言われようとしているかを原著者の立場に即して理解すべく努めることである．ところが，本書のような科学史上の古典が対象である場合には，この作業は多かれ少なかれ科学史的な調査・研究なしには行ないえない．十数年前私は手さぐりでその作業を進めながら，科学史というものは趣味や片手間でなく本格的な一個の独立した研究を必要とし，またそれに値する学問であるということを痛感したのだった．こうして物理学から脇にそれて科学史に専念するという，当時としてはかなり(今でも多少は？)無謀な決心をするにいたっただけに，いま本書が出版されることになっていささかの感慨を禁じえない．」

　当初は廣重自身，科学史研究は理論物理研究の「片手間」でもできると思っていたようである．もっとも，こうした認識は廣重ひとりだけのものではない．当時，物理学者のあいだでは，科学史(物理学史)は物理学と同等の学問領域として必ずしも認められていなかった．物理学の歴史に関する研究は，本職の研究のかたわらでも可能な，いわば「余技」のように見られる傾向があったのである．

　勉強会の仲間で，理論研究では廣重唯一の論文の共同執筆者でもある恒藤敏彦(のち京都大学名誉教授)は，次のように語っている[1]．

　「このような仕事〔素粒子論の研究〕をする時にも物理のことで広重さんとはよく議論していたんですが，やはりもうその頃から，普通，理論物理でやるようないわば非常に特殊な問題について長い計算をやるとか，それから数学的形式的な展開を徹底的に進めるとかいうようなことよりは，むしろ何といいますか，概念的な思考に広重さんは関心をもち，好んでいたようです.」

　科学史への関心という点では，神戸一中時代(1941-45年)にすでにその萌芽が認められる．理化研究会という部活動を通じて，寺田寅彦(1878-1935)やポアンカレ(H. Poincaré: 1854-1912)の著書，さらには天野清訳編『熱輻射論と量子論の起原』(大日本出版，1943年)を読んでいたという．辻や恒藤らとの勉強会に参加し，数々の原著論文を読みつづけるなかで，もとからあった科学史への関心と志向が徐々に強まっていき，ついには科学史の研究に専念することを決意したようである．時期はおそらく，恒藤らとの共著論文(2)を発表した1955年頃であろう．「これは読んで頂かなくて結構です．ただしこれは僕の物理学に関する最後の論文です」と述べていたとも伝えられる(3)．

　とはいえ，理論に見切りをつけ，科学史だけで身を立てると決意したからといって，当時の日本の大学に職の口はない．ところが，日本大学理工学部で物理学科が新設されることになり，幸運にもその専任講師のポストを得ることができた．学科開設の前年，1957年に着任すると，廣重は日本で

初めての独立した科学史研究室を発足させる．科学史家として歩み始める拠点ができたのである．

　辻，恒藤らとの勉強会の成果をまとめたのち，日大に赴任して最初に書いたのが，本書収録の第 1 論文「アインシュタインは時代遅れの科学者か？」(1958 年)である．この小文は本書の「まえがき」としても読める．論文発表当時，理論物理学者のあいだでささやかれていた，たとえば「アインシュタインは量子力学を理解していない」「アインシュタインの試みている統一場の理論は物理学の正統的な道から外れている」といった批判的評価に廣重は疑問を呈し，マクスウェル，ローレンツ(H. A. Lorentz: 1853-1928)を経てアインシュタインにいたる，電磁場理論・電子論の形成史研究に基づいて現在の理論を反省すべきだと説く．特殊相対論の形成過程に対する廣重の問題意識が簡潔に述べられている．

　また，この小文が『物理学史研究』創刊号(1958 年)に載ったことに注意したい．この雑誌は，日本物理学会において物理学史が一つの分科としてまだ認められていないとき(日本物理学会に物理学史分科会が認められるのは 1964 年のことである)に開かれていた「物理学史シンポジウム」の参加者有志を中心に，物理学史研究者や物理学史愛好者のあいだの事務連絡，意見・情報交換，問題提起，予備的研究報告などを載せる研究連絡誌として発行された．この小文は廣重が問題提起として書いたもので，新しく創刊された論文誌に寄せる期待と意気込みも感じさせるものである．

廣重が目指したのは，アインシュタインの特殊相対論(運動物体の電気力学)が，19世紀末当時問題になっていた，絶対静止エーテル(絶対座標)に対する地球の自転・公転運動の効果が見出されないという実験結果(マイケルソン-モーリーの実験結果が決定的であった)を説明する試みの延長から出てきたものでは**ない**，というのを実証することであった．そのために廣重は，アインシュタインが特殊相対論を発表する1905年までの，19世紀末から20世紀初めにかけての電磁理論と電気力学の研究状況を徹底的に調べ上げた．

本書収録の第2論文「相対論の起原——予備的考察」(1965年)は，特殊相対論の形成過程についてどのように研究を進めていくか，具体的な展望を示したものである．いわゆるエーテル問題は，ローレンツとポアンカレによって解決されたが，アインシュタインが特殊相対論に到達しえたのは，彼らと同じ線上で研究したからではない．当時の物理学者にとってエーテルは単なる仮説ではなく実在であった．そこで，彼らはエーテルと地球の相対運動の効果がなぜ見出されないのかを解決すべき問題としたが，アインシュタインだけがひとり，それと異なる地平に立っていた．では，アインシュタインは何をどう考えて特殊相対論に到達したのか．それを解明したい，と廣重は言う．

発表年は前後するが，本書収録の第3論文「ローレンツ電子論の形成と電磁場概念の確立」(1962年)は，廣重の学位論文(名古屋大学)である．ヨーロッパの電気力学(遠隔作用

論)の伝統の下で学び育ったローレンツが，英国のマクスウェルの電磁場理論を受け容れたことにより，電磁場は媒体(エーテル)の何らかの物理的性質ではなく，エーテルとは独立した存在であると考えることができた．ローレンツの電子論はそうして形成されたものだと結論する．

　廣重はこの研究をふまえ，4年後に「世紀交代期における電磁理論」(4) という論文を発表する．その冒頭で廣重は次のように述べている．

　「相対性理論の起原は，ふつう地球とエーテルの相対運動の電磁的・光学的影響の究明に関係づけられるが，われわれの先の考察によれば〔「相対論の起原——予備的考察」論文のこと〕，アインシュタイン(A. Einstein)の1905年の理論はこの問題に直接つながるものではない．それはむしろ運動物体の電気力学，すなわち(地上における)運動物体の内部での電磁現象の取り扱いに関する理論的考察から導かれている．」

　こう述べたうえで廣重は，19世紀末，ヨーロッパと英国に見られた電気力学理論のいくつかの流派に注目する．そして，それら流派のなかでローレンツの電子論が受け容れられるに伴い，力学的性質をもつ実体としてのエーテル概念が稀薄化(エーテル概念の非力学化)し，独立した実体であることも疑われるようになった，特殊相対論の生まれる基盤はそこに整った，と結論する．

　こうした研究をふまえて廣重が取り組んだのは，19世紀当時，多くの物理学者の頭を悩ませた「エーテル問題」とは

実際にどのようなものだったのか，ということである．本書収録の第4論文「19世紀のエーテル問題」(1974年)では，その「エーテル問題」の変遷が詳細に明らかにされる．

19世紀初め，光の波動説が復活し(それまではニュートンが唱えたという光の粒子説が優勢であった)，19世紀半ばにはフレネル(A. Fresnel: 1788-1827)の理論的研究によって確立された．そのなかで求められたのが，光行差を説明できるエーテルの物理的性質と光の伝播の理論であった．光源，媒質，観測者の間に，さまざまな相対運動がある場合の光の伝播を明らかにすることが問題とされ，1860年代後半から1870年代にかけて，位置天文学の分野ではとくに解決を迫られていた．

1880年代になって光の電磁波説が提出されると，物理学全体におけるエーテルの重要性が高まり，エーテルと物体との関係，物体の運動にエーテルはどう関わるかという問題が中心課題となる．運動物体はその内部や周囲のエーテルを巻き込まないという結論が確からしくなると，地上の物体とエーテルの相対運動の影響を実験的に見出す試みが繰り返された．とくに精密な実験として知られるのが，マイケルソン(A. Michelson: 1852-1931)とモーリー(E. Morley: 1838-1923)による実験である．それら実験のすべてが否定的な結果を示していた．

理論家はその結果を説明するための努力を重ねた．ローレンツとポアンカレの理論は，その理論的解明の最終段階に出

てきたものである．彼らの理論はアインシュタインの理論と形式的には同じであり，そのためか現在でも時折，アインシュタインの理論をローレンツらの理論の修正とする向きの記述も見られる．しかし，実際にはそうではない．アインシュタインはローレンツやポアンカレと違い，地球とエーテルの相対運動ではなく，運動物体の電磁現象を問題としていた．アインシュタインが彼らと同じ線上で特殊相対論に至ったわけではないことを，廣重はこの論文で実証している．

　それでは，アインシュタインの特殊相対論の独創性はどこにあって，それは何に由来するのか．その問題に答えたのが，本書収録の第5論文「相対性理論の起原——自然観の転換としての」（1974-75年）である．

　アインシュタインは，ローレンツたちとは異なる基本的な問題を追究していた．当時，大多数の物理学者は物理現象を力学に還元するか電磁気学に還元するか，どちらかの立場しかとれないと思い込んでいた節がある．それに対してアインシュタインは，力学と電磁気学とを対等に見ることができた．そこに彼独自の視座の転換があった，というのが廣重の見方である．

　「力学と電磁理論を同等の2つの理論とみることは，今日のわれわれにはごく自然で容易なことのように思える．しかし，そのような観点とそこから生まれる問題意識こそ，ローレンツ，ポアンカレ，その他の人々に欠けていたものである．この点での彼らとアインシュタインとの差はきわめて大

きく，単に偶然的なものではありえない．それを彼らの認識論ないし世界観の違いに根ざすものとみることは見当違いであるまい」と述べたうえで，アインシュタインの視座の転換の根底に，ヒューム(D. Hume: 1711-1776)とマッハ(E. Mach: 1838-1916)の影響があったことを廣重は見て取る．とくにマッハによる力学的自然観への批判(廣重は「力学的自然観の破壊」という，より強い言葉を用いている)がアインシュタインの自然認識に対して与えた影響に注目している．この論文が実質的に，廣重の生前最後の論文となった．

廣重の相対論形成史の研究は1970年頃にはかなりの程度進み，ひとつの区切りを迎える時期に差しかかっていた．この年，大学院では「相対性理論の成立をめぐって」という講義を行っている．その講義ノートをもとに相対論史の本を執筆するつもりだったという．さらに，その先の研究課題として，相対論の受容過程の追究に取り組もうとしていたようである．一方で，相対論形成史に取り組む合間，ボーアの原子構造論の起原に関する研究には，すでに着手していた(7篇の論文が『広重徹科学史論文集2　原子構造論史』(みすず書房，1981年)に収録されている)．

学者の世界では「最初の論文がのちの研究の射程をきめる」と言われるが，たしかに廣重の学説史研究も，大学院時代の辻，恒藤らとの共著論文に源泉があったといえる．3人の勉強会ではすでに，量子論史関係の原典も集めて読み始めていたという．おそらく，廣重の中では自分の歩むべき一筋

の道が見えていたのであろう．その道を歩みつづけることは叶わなかった．残念でならない．

　編者はかつて『広重徹科学史論文集 1　相対論の形成』(みすず書房，1980 年)という本を編集したが，そこでは廣重の相対論形成史に関する論文と，それに準ずる研究ノート，解説などをすべて収録した．テーマを同じくする本書で二度目の編集となる．今回は編集方針を同じくしつつも，一般の方が読む文庫という本の性質を考慮して，表題である「相対性理論の起原」がより明確に浮かび上がるよう論文を精選し，簡略な編者注を補うことにした．

　廣重の相対論形成史の研究は世界的に高く評価されているにもかかわらず，物理学という専門領域の内容を扱っているためか，一般の人々の目に触れることは少なかった．本書を通じて廣重の論文が，日本における科学史研究の古典的論文として，より広い読者の方々に読まれることを願っている．

　編者は廣重が発足させた日本で初めての科学史研究室で廣重の下で学んだ者だが，志なかばにして世を去った廣重の研究成果を一人でも多くの方に知っていただきたいと思っている．とくに，本書に収録した特殊相対論の起原に関する論文は，廣重がその短い生涯のなかで心血を注いで取り組んだ研究の結晶であり，今日，相対論の形成について巷間語られていることの一部は，これらの論文で初めて実証されたことである．アインシュタインと相対性理論という，人々の好奇心をかき立ててやまないテーマを通じて，科学史家・廣重徹の

仕事の一端にふれていただければ幸いである.

引用文献

(1) 恒藤敏彦「〈思い出〉広重徹と私」, 辻哲夫編『物理学史研究——その一断面』(東海大学出版会, 1976), pp. 25-28.

(2) T. Tsuneto, T. Hirosige and I. Fujiwara, Relativistic Wave Equations with Maximum Spin Two, *Prog. Theor. Phys.*, **14** (1955), 267-282.

(3) 村田全「広重徹君のこと」『科学史研究』No. 114 (1975), 80-84.

(4) 広重徹「世紀交代期における電磁理論」『科学史研究』No. 80 (1966), 179-190; No. 81 (1967), 19-32.

(にしおしげこ:日本大学名誉教授)

相対性理論の起原 他四篇

2022 年 11 月 15 日　第 1 刷発行

著　者　廣重　徹

編　者　西尾成子

発行者　坂本政謙

発行所　株式会社 岩波書店
　　　　〒101-8002　東京都千代田区一ツ橋 2-5-5

　　　　案内 03-5210-4000　営業部 03-5210-4111
　　　　文庫編集部 03-5210-4051
　　　　https://www.iwanami.co.jp/

印刷 製本・法令印刷　カバー・精興社

ISBN 978-4-00-339531-8　　Printed in Japan

読 書 子 に 寄 す

── 岩波文庫発刊に際して ──

　真理は万人によって求められることを自ら欲し、芸術は万人によって愛されることを自ら望む。かつては民を愚昧ならしめるために学芸が最も狭き堂宇に閉鎖されたことがあった。今や知識と美とを特権階級の独占より奪い返すことは、つねに進取的なる民衆の切実なる要求である。岩波文庫はこの要求に応じそれに励まされて生まれた。それは生命ある不朽の書を少数者の書斎と研究室とより解放して街頭にくまなく立たしめ民衆に伍せしめるであろう。近時大量生産予約出版の流行を見る。その広告宣伝の狂態はしばらくおくも、後代にのこすと誇称する全集がその編集に万全の用意をなしたるか。千古の典籍の翻訳企図に敬虔の態度を欠かざりしか。さらに分売を許さず読者を繋縛して数十冊を強うるがごとき、はたして吾人は天下の名士の声に和してこれを推挙するに躊躇するものである。この際断然実行することにした。吾人は範をかのレクラム文庫にとり、古今東西にわたって文芸・哲学・社会科学・自然科学等種類のいかんを問わず、いやしくも万人の須要なる生活向上の資料、生活批判の原理を提供せんと欲する。この計画たるや世間の一時の投機的なるものと異なり、永遠の事業として吾人は微力を傾倒し、あらゆる犠牲を忍んで今後永久に継続発展せしめ、もって文庫の使命を遺憾なく果たさしめることを期する。芸術を愛し知識を求むる士の自ら進んでこの挙に参加し、希望と忠言とを寄せられることは吾人の熱望するところである。その性質上経済的には最も困難多きこの事業にあえて当たらんとする吾人の志を諒として、その達成のため世の読書子とのうるわしき共同を期待する。

　　昭和二年七月

　　　　　　　　　　　　　　　　　　　　　　　　　　　岩 波 茂 雄

藤井悦子編訳

シェフチェンコ詩集

理不尽な民族的抑圧への怒りと嘆きをうたい、ウクライナの国民的詩人と呼ばれるタラス・シェフチェンコ(一八一四-六一)。流刑の原因となった詩集から十篇を精選。

〔赤N七七二-一〕 定価八五八円

チャールズ・ラム著/南條竹則編訳

エリア随筆抄

ヴィンケルマン著/田邊玲子訳

英国随筆の古典的名品と謳われるラム(一七七五-一八三四)の『エリア随筆』。その正・続篇から十八篇を厳選し、詳しい訳註を付した。(解題・訳註・解説=藤巻明)

〔赤二三一-四〕 定価一〇一二円

ギリシア芸術模倣論

岸本尚毅編

芸術の真髄を「高貴なる単純と静謐なる偉大」に見出し、精神的なものの表現に重きを置いた。近代思想に多大な影響を与えた名著。

〔青五八一-一〕 定価一三二〇円

室生犀星俳句集

室生犀星(一八八九-一九六二)の俳句は、自然への細やかな情愛、人情の機微に満ちている。気鋭の編者が八百数十句を精選した。犀星の俳論、室生朝子の随想も収載。

〔緑六六-五〕 定価七〇四円

原 卓也訳

今月の重版再開

プラトーノフ作品集

〔赤六四六-一〕 定価一〇一二円

A・ハミルトン、J・ジェイ、J・マディソン著/斎藤眞、中野勝郎訳

ザ・フェデラリスト

〔白二四-一〕 定価一一七七円

石母田正著/髙橋昌明編

平家物語 他六篇

「見るべき程の事は見つ、今は自害せん」。魅力的な知盛像や「年代記」を原点に成長してゆく平家物語と時代の心性を自在に論じ、歴史家の透徹した眼差しを伝える。〔青四三六-三〕 定価九九〇円

廣重徹著/西尾成子編

相対性理論の起原 他四篇

日本で本格的な科学史研究の道を切り拓いた廣重徹。本書ではとくに名高い、相対性理論の発見に関わる一連の論文を収録する。〔青九五三-一〕 定価八五八円

ヤン・ポトツキ作/畑浩一郎訳

サラゴサ手稿 (中)

ポーランドの鬼才の幻の長篇、初の全訳。族長の半生、公爵夫人の秘密、神に見棄てられた男の悲劇など、物語は次の物語を生み、六十一日間語り続けられる。〔全三冊〕〔赤N五一九-二〕 定価一一七七円

━━━ 今月の重版再開 ━━━

パストゥール著/山口清三郎訳

自然発生説の検討

〔青九一五-一〕 定価七九二円

岩槻邦男・須原準平訳 メンデル

雑種植物の研究

〔青九三二-一〕 定価五七二円

定価は消費税10%込です　　　2022.11